テンソルネットワーク入門

Tensor
Network

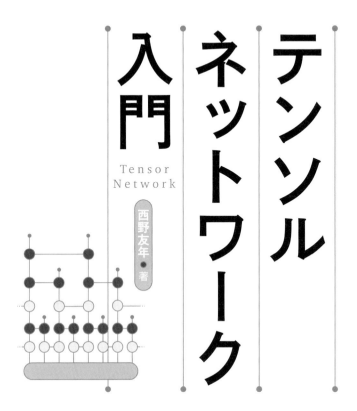

西野友年 著

講談社

まえがき

　この本で紹介する**テンソルネットワーク**は、画像認識を含むさまざまな情報処理から自然現象の解析までを守備範囲とする記述方法・数値解析手段として、多方面から注目を集めている。機械学習で使われるニューラルネットワークや、量子コンピューターを構成する回路、それらを底支えする磁性体・半導体・金属・超伝導体など、**広がりを持った多自由度の系**を思い浮かべてみよう。構成要素である「部分」が互いに影響を及ぼし合う状況に "**情報交換の網の目**" が浮かんでくる。これを素朴に数式で表したものがテンソルネットワークであり、統計・量子・情報・学習を縦横に結ぶ役割を果たしつつ、その応用が急速に広まっている。**情報量**とも緊密な関係を持つ**エンタングルメント**について実践的な理解が深まったことが、現在も止まることのない発展の原動力である。テンソルネットワークという言葉は今世紀に導入されたものだけれど、実は大昔から物理モデルの記述に使われてきた経緯がある。数値計算を安定に実行する手順が近年続々と開発され、応用の幅が広がったのだ。**密度行列繰り込み群**を発端とする現在までの経緯についても、間近に接してきた著者の視点から紹介したい。

　いろいろな興味関心を持ってこの本を手にしている読者の皆様へ向けて、まずはテンソルを使った計算の方法を基礎から解説していこう。具体的なイメージを持って読み進められるよう、畳の並べ方など身近な問題を題材としつつ、テンソルの縮約などの形式をぼちぼち紹介する。興味が途切れないよう、**手書き数字認識**などの応用例も早い段階で導入することにした。テンソルネットワークは、**確率**を取り扱う学問分野である**情報理論**とも深い関係があり、現代物理学の基礎となる**量子物理学**や**統計物理学**にも自然な形で顔を出す。最先端に接する気分で、量子シミュレーションや**繰り込み群**などとの関わりにも触れよう。この本を手にした方々が次々と先頭に立ち、テンソルネットワークの未来がさらに広がっていくことを願う。

2023年4月
西野 友年

テンソルネットワーク入門

目　　次

第1章　テンソルネットワークを身近に

　この解説書を読み始めた皆さんは、どこかで**テンソルネットワーク**というキーワードに接したか、あるいは表紙を見て何だろうか? と不思議に思って冊子を開いたのだろう。誰でも親しみを持って学べるよう、まずは下図に示した、大人も楽しめるオモチャ(!) から考え始めよう。机の上には、

つながるブロック
対象年齢：5歳以上

手裏剣のような形のブロックが雑然と転がっている。その中から「つながるもの同士」を探し出して、図の右側のように格子を組んでいくという趣向の遊びだ。とても簡単に接続の**ネットワーク**が広がりそうだけれども、これが意外と難しい。なぜならば、ブロックの形は次に示す 4 種類だけで、

手当たり次第なにも考えずに並べ始めると、ブロックが入らない場所ができるからだ。例えば、下図のような隙間は埋めようがない。子供が遊んでいて困ったら、保護者の出番となる。1 つ 2 つブロックを取り外して、うまく並べ直すのだ。... すんなりとは解決しないこともある。

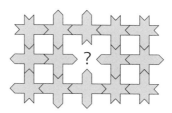

こういうオモチャを数学者に渡してはならない。「どれくらいの**並べ方**があるのだろうか?」と、ロクでもない**命題**を考え始めるのだ。理工系の我々の立場からすれば、「たくさんある」と表現すれば充分なのだけれども ...

1.1 ブロックからテンソルへ

ブロックを "数学っぽく" 扱ってみよう。最も単純なケースは、ブロックが 1 つだけの場合だ。つなげて遊ぶ場合と同じように、水平・垂直の線が出る向きだけに限ると、次の 8 通りが互いに異なる置き方（並べ方）となる。

まず、ブロックの種類と向きを数式でも表せるように記号を定めておこう。ブロックを互いに接続する**継ぎ目**は、「くの字」あるいは「への字」に折れ曲がっている。これらの部分が

- 右あるいは上に向けて折れ曲がっているならば 1 で表す

- 左あるいは下に向けて折れ曲がっているならば 0 で表す

ことにする。**このルール**に従えば、上図に示した置き方は「十字に並んだ数」

$$
\begin{array}{cccccccc}
\ 1\ & \ 0\ & \ 0\ & \ 1\ & \ 1\ & \ 0\ & \ 0\ & \ 1\ \\
1\ 1 & 0\ 0 & 1\ 1 & 0\ 0 & 1\ 0 & 0\ 1 & 1\ 0 & 0\ 1 \\
\ 1\ & \ 0\ & \ 0\ & \ 1\ & \ 0\ & \ 1\ & \ 1\ & \ 0\
\end{array} \qquad (1.1)
$$

によって示せる。（含まれる 1 の数は、それぞれ 0 個か 2 個か 4 個である。）

テンソルの導入

ここで、あまり見かけない記号 $W a\,{}^{b}\,c{}_{d}$ を導入しよう。$a,\,b,\,c,\,d$ はそれぞれ 0 または 1 の値を取る**添え字の変数**で、$W a\,{}^{b}\,c{}_{d}$ の値は添え字が式 (1.1) のように並んでいれば 1 に、そうでなければ 0 にする。つまり、

$$
W 1\,{}^{1}_{\,1}\,1 \;=\; W 0\,{}^{0}_{\,0}\,0 \;=\; W 1\,{}^{0}_{\,0}\,1 \;=\; W 0\,{}^{0}_{\,0}\,0 \;=\; W 1\,{}^{0}_{\,0}\,0
$$
$$
\;=\; W 0\,{}^{0}_{\,1}\,1 \;=\; W 1\,{}^{0}_{\,1}\,0 \;=\; W 0\,{}^{1}_{\,0}\,1 \;=\; 1
$$
$$
W 0\,{}^{1}_{\,1}\,1 \;=\; W 1\,{}^{0}_{\,0}\,0 \;=\; W 1\,{}^{0}_{\,1}\,1 \;=\; W 0\,{}^{1}_{\,0}\,0 \;=\; W 1\,{}^{1}_{\,0}\,1
$$
$$
\;=\; W 0\,{}^{0}_{\,0}\,1 \;=\; W 1\,{}^{1}_{\,0}\,1 \;=\; W 0\,{}^{0}_{\,1}\,0 \;=\; 0 \qquad (1.2)
$$

と定める。次章から改めて説明するように、$W_a{}^b{}_c{}_d$ は 4 つの添え字を持つ**テンソル**（4 脚テンソル）だ。いまの時点では、まあ、こういう見かけのものをテンソルと呼ぶという認識で充分だろう。式 (1.2) のようにテンソルの値を定めておくと、ブロック 1 つの置き方の数を

$$\sum_{a=0}^{1}\sum_{b=0}^{1}\sum_{c=0}^{1}\sum_{d=0}^{1} W_a{}^b{}_c{}_d \;=\; 8 \tag{1.3}$$

と表せる。この式は当たり前すぎるというか、8 通りという結果を得るだけにしては、道具が少しばかり（?）大袈裟だ。

　ブロックを 2 つ左右につなぐ場合はどうだろうか? 試しにいくつか接続してみたものを上図に示す。これらを 0 と 1 の並びで表現すると

$$
\begin{matrix}
1 & 0 \\
1 & 1 & 1 \\
1 & 0
\end{matrix}
\qquad
\begin{matrix}
1 & 0 \\
0 & 0 & 1 \\
1 & 1
\end{matrix}
\qquad
\begin{matrix}
1 & 0 \\
1 & 0 & 0 \\
0 & 0
\end{matrix}
\qquad
\begin{matrix}
0 & 1 \\
1 & 0 & 1 \\
1 & 0
\end{matrix}
\tag{1.4}
$$

となる。図にも現れているように、左右のブロックが接続される部分では「くの字」が同じ向きに揃っていて、右向きなら 1 が、左向きならば 0 が横並びのブロックの間で**共有される**。この点に気づけば、並べ方は

$$\sum_{abcdefg} W_a{}^b{}_c{}_d \, W_c{}^e{}_f{}_g \;=\; 32 \tag{1.5}$$

と数式で表せる。左辺の総和記号は、添え字 a, b, c, d, e, f, g それぞれが 0 または 1 の値を取る場合の全てについての和を示していて、式 (1.3) よりも簡素に表記した。値が 1 となる左辺の項を地道に拾おう。$c=0$ の場合には、全ての添え字が 0 である $\begin{smallmatrix}0&&0\\&0\\0&&0\end{smallmatrix}$ と、1 が 2 個含まれる $\begin{smallmatrix}1&&0\\&0\\0&&0\end{smallmatrix}$, $\begin{smallmatrix}&1&0\\0&&0\\1&&0\end{smallmatrix}$, $\begin{smallmatrix}0&&0\\1&&0\\0&&1\end{smallmatrix}$, $\begin{smallmatrix}1&&0\\0&&0\\0&&1\end{smallmatrix}$, $\begin{smallmatrix}0&&0\\0&&1\\0&&1\end{smallmatrix}$ と、1 が 4 個含まれる $\begin{smallmatrix}1&&0\\0&&1\\0&&1\end{smallmatrix}$ のタイプのものが 9 つ、合計 16 個の項がある。いま数え上げた 16 個それぞれに対して 0 と 1 を入れ換えると、$c=1$ の場合が全て得られることに注意しよう。こんな風に面倒臭い**数え上げ**を、式 (1.5) は機械的に表してくれるのだ。

少し効率的な数え方

　式 (1.5) のような数え上げは、**部分的な和**を使うとより効率的に、見通しよく行える。深入りせずに、ちょっとだけ紹介しよう。まず、次の和

$$Q_c = \sum_{abd} W{a\,}_{\,d}^{\,b}\,c \tag{1.6}$$

の値を確認しておこう。$c=0$ ならば $_0{\,}_0^{\,0}\,0$, $_1{\,}_1^{\,0}\,0$, $_0{\,}_1^{\,1}\,0$, $_1{\,}_0^{\,1}\,0$ の 4 通りが数え上げられて、$Q_{c=0} = 4$ となる。同様に、$c=1$ ならば $Q_{c=1} = 4$ である。これに気づけば、式 (1.5) の総和は

$$\sum_{cefg} \left[\sum_{abd} W{a\,}_{\,d}^{\,b}\,c \right] W{c\,}_{\,g}^{\,e}\,f = \sum_f \sum_{ceg} 4\, W{c\,}_{\,g}^{\,e}\,f \tag{1.7}$$

と変形でき、右辺の c,e,g による和が式 (1.6) と同じ形となる。そして

$$\sum_f \sum_{ceg} 4\, W{c\,}_{\,g}^{\,e}\,f = \sum_f 4 Q_f = \sum_f 4 \cdot 4 = 4 \cdot 4 \cdot 2 = 32 \tag{1.8}$$

を得る。計算がずいぶん簡略化できた。このように、和を部分的に取ることで**計算を自動化できる**利点は、頭の片隅に置いておこう。

　ブロックの接続と数式の関係が直感的に理解できれば、ブロックを横に 3 つ接続する際の数え上げも、式 (1.5) を拡張した形の総和

$$\sum_{abcdefghij} W{a\,}_{\,d}^{\,b}\,c\, W{c\,}_{\,g}^{\,e}\,f\, W{f\,}_{\,j}^{\,h}\,i = 4 \cdot 4 \cdot 4 \cdot 2 = 128 \tag{1.9}$$

で表せる。右辺の値は、式 (1.8) と同じように左端から abd, ceg, fhj, そして i の順番で部分的な和を取って得た。下図のように 9 個つなぐなら、

並べ方の総数は $4^9 \cdot 2$ となる。より一般的に N 個のブロックを横に接続した場合には、並べ方の総数が $4^N \cdot 2 = 2^{2N+1}$ となる。このようにブロックを接続する考え方は、3 章で導入する**転送行列**でも使われる。

横方向のみならず、縦方向にもどんどんブロックを追加していくと**網目**ができあがる。下図は横に 9 列、縦に 3 段の場合だ。ブロックそれぞれに

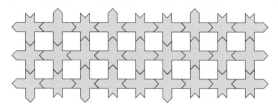

テンソル W が対応しているのだから、この網目はすでに**テンソルネットワーク**なのである。横に N 列・縦に M 段の場合、**並べ方の総数** $\Omega(N, M)$ は N や M に対して、どれくらい速く増えていくだろうか? 恐らく式 (1.8) や式 (1.9) と同じように、積 NM に対して**指数関数的**な増加となっているだろう。$\Omega(N, M)$ の概数、あるいは**対数** $\log \Omega(N, M)$ だけでも定量的に得られるならば、いろいろと有益なことがある... はずだ。

次章から、テンソルネットワークを扱う**計算のテクニック**を少しずつ段階的に学ぼう。計算技術を身につければ、いろいろな課題に実践的な応用が可能となる。大人の楽しむオモチャ遊びは、一旦ここまでとしよう。

【氷のエントロピー】 原子や分子の世界にも、ブロックのように**組み合わさる現象**がある。ごく身近な氷が、その代表例だ。氷は水分子 H_2O が規則的に並んで結晶を組んだ固体である。酸素 O の間を水素 H が**橋渡ししている**構造となっているのだけれども、水素 H は隣り合う酸素 O の「どちらか一方」に少し近く、他方からはわずかに離れている。O〈H〈O とか、O〉H〉O とでも書けば、少しブロックのように見えてくるだろうか。氷に含まれる水素の配置が、どれくらいの数だけあり得るか? は、氷の**熱力学的な性質**と深く関係している。配置の総数 Ω の対数が、氷の**熱力学エントロピー**を与えるのだ。充分に温度が低くても、大きなエントロピーを持ち得ることが氷の特徴で、その解明が熱物理学や化学の理解を深めてきた。水分子をブロックに見立てて氷を単純に表現した模型は、ice（アイス）model（モデル）の名称で知られている。その名のとおり、幾人もの統計物理学者が愛し続けてきた美しきモデルだ。

1.2 並んだ鏡と確率の行列積

テンソルネットワークは**確率的な現象の記述**にもよく使われる。量子力学的な物理現象から**光子の検出**を例にとり、どのようなテンソルが現れるかを眺めよう。下図のような、とても弱い光を出す光源と、光をかなり**透過させる鏡** x, y, z, w が一直線に並んだ実験装置を考える。光が鏡 x で反射されると**検出器** a に入射して、そこで**捕捉**される。鏡 x を透過した光が鏡 y で反射されると、検出器 b で捕捉される。同じように、鏡 z で反射されると検出器 c で、鏡 w ならば検出器 d で捕捉される。また、全ての鏡を透過した光は検出器 e で捕捉される。

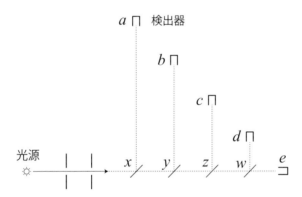

光を含む電磁波を**量子力学**的に扱う**量子電磁力学**から、少しばかり知識を借りよう。光は 1 個 2 個と数えられる**光子**の集まりとも見なせるのだ。光源から出た 1 個の光子について、その行方を追おう。

【光子が進む?!】 物理業界には厳格な表現を好む方も多く、光子が直線上をボールのように進んでいくかのような解説をすると、「光子がどこに居るなんて言えないぞ」と、すぐに怒られてしまう。とは言っても、いきなり**不確定性原理**やら**量子場の理論**を持ち出すわけにもいかない。この辺りの微妙な議論には、とりあえず目を向けないことにしよう。

光子が鏡に入射したときに、**反射される確率**を p で表すと、**透過する確率**は $1-p$ となる。これらの数字どおり、光源を出た 1 個の光子が検出器 a で捕捉される確率は $P_a = p$ で与えられる。鏡 x を確率 $1-p$ で透過し

た光子が鏡 y で反射して検出器 b へと至る確率は $P_b = (1-p)p$ と求められる。続く検出器 c, d, e では、確率

$$P_c = (1-p)^2 p, \qquad P_d = (1-p)^3 p, \qquad P_e = (1-p)^4 \tag{1.10}$$

でそれぞれ光子が捕捉される。$P_a + P_b + P_c + P_d + P_e = 1$ が成立することの確認は、宿題にしておこう。以下で示すのは、これらの確率が**行列積**と慣習的に呼ばれているテンソルネットワークで表現できる事実だ。

　ある 1 つの鏡について、光子がどのように通過するか、あるいは通過しないかを、並べて描いてみよう。下図左は、鏡に光子が入射しない状況を表すものだ。（点線は、光子が通らないことを表している。）下図中央は、鏡で光子が反射される状況を、下図右は透過する状況を表すものだ。（実線は、光子が通ることを表している。）点線には 0 を、実線には 1 を対応づけよう。

さてここで、3 つの添え字を持つテンソル $W_{i\ j}^{\ a}$ を導入し、その要素を

$$W_{0\ 0}^{\ 0} = 1, \qquad W_{1\ 0}^{\ 1} = p, \qquad W_{1\ 1}^{\ 0} = 1-p,$$
$$W_{0\ 0}^{\ 1} = W_{0\ 1}^{\ 0} = W_{0\ 1}^{\ 1} = W_{1\ 0}^{\ 0} = W_{1\ 1}^{\ 1} = 0 \tag{1.11}$$

と定める。$W_{1\ 0}^{\ 1} = p$ が鏡に反射される確率、$W_{1\ 1}^{\ 0} = 1-p$ が透過する確率であることに注意しよう。この記号を使うと、式 (1.10) の**捕捉確率**は

$$P_a = W_{1\ 0}^{\ 1} W_{0\ 0}^{\ 0} W_{0\ 0}^{\ 0} W_{0\ 0}^{\ 0}, \qquad P_d = W_{1\ 1}^{\ 0} W_{1\ 1}^{\ 0} W_{1\ 1}^{\ 0} W_{1\ 0}^{\ 1},$$
$$P_b = W_{1\ 1}^{\ 0} W_{1\ 0}^{\ 1} W_{0\ 0}^{\ 0} W_{0\ 0}^{\ 0}, \qquad P_e = W_{1\ 1}^{\ 0} W_{1\ 1}^{\ 0} W_{1\ 1}^{\ 0} W_{1\ 1}^{\ 0},$$
$$P_c = W_{1\ 1}^{\ 0} W_{1\ 1}^{\ 0} W_{1\ 0}^{\ 1} W_{0\ 0}^{\ 0} \tag{1.12}$$

と、テンソルを並べた形で表現できる。隣り合うテンソルの「下付きの添え字」が、同じ値に揃っていることにも注目しよう。

　いま考えている実験装置では、いわゆる**多自由度の現象**を扱っている。これから何度も使う記法で、一列に並んだテンソルの間で和を取ったもの

$$P^{abcde} = \sum_{jkl} W_{1\ j}^{\ a} W_{j\ k}^{\ b} W_{k\ \ell}^{\ c} W_{\ell\ e}^{\ d} \tag{1.13}$$

を表しておこう。式 (1.10) および式 (1.12) の確率は

$$P^{10000} = P_a = p\,, \qquad\qquad P^{00010} = P_d = (1-p)^3 p\,,$$
$$P^{01000} = P_b = (1-p)p\,, \quad P^{00001} = P_e = (1-p)^4\,,$$
$$P^{00100} = P_c = (1-p)^2 p \tag{1.14}$$

という形で表現できる。いま示した以外の 0 と 1 の組み合わせの下では $P^{abcde} = 0$ であることも、式 (1.11) で定めた要素から容易に確認できる。

　式 (1.13) の右辺は、鏡の並びと同じようにテンソルが一列に並んだだけの数式だけれど、これもまたテンソルネットワークの一種である。テンソル $W^{\,b}_{j\,k}$ に注目すると、添え字 j と k が**行列の脚**のような働きを持つことがわかる。後で改めて説明するのだけれども、式 (1.13) の右辺では $W^{\,a}_{1\,j} W^{\,b}_{j\,k} W^{\,c}_{k\,\ell} W^{\,d}_{\ell\,e}$ と添え字が配置されていて

- 式の上で**隣り合った脚** j, k, ℓ について**縮約**を取る（↓囲みを参照↓）

ことになっている。このように、行列同士の積とよく似た計算を行うことから、式 (1.13) で与えられる確率 P^{abcde} は**行列積関数** (Matrix Product Function) と呼ばれるものになっている。

【縮約】　行列の積 $C = AB$ を要素で表すと $C_{ik} = \displaystyle\sum_j A_{ij} B_{jk}$ となる。右辺の和の計算には 3 つの添え字 i, j, k が現れ、j によって和を取ることから、左辺の C_{ik} には j が現れない。また、式 (1.13) から $W^{\,c}_{k\,\ell}$ と $W^{\,d}_{\ell\,e}$ を抜き取ってきて

$$Y^{cd}_{k\,e} = \sum_\ell W^{\,c}_{k\,\ell} W^{\,d}_{\ell\,e} \tag{1.15}$$

という 4 つの添え字を持つ $Y^{cd}_{k\,e}$ を作ってみよう。この場合には ℓ によって和が取られて、$Y^{cd}_{k\,e}$ には ℓ が現れない。このように、ベクトルや行列やテンソルの間で、ひと組の添え字を揃えて、それに対して和を取る計算を**縮約**と呼ぶ。少し解釈を広げれば、正方行列 C のトレース $\mathrm{Tr}\, C = \displaystyle\sum_i C_{ii}$ も、C 自身との縮約と考えられる。

行列積状態

　量子力学の教科書の記述 (?) を借用すると、式 (1.13) で与えられた確率 P^{abcde} は（離散的な自由度に対する）**波動関数** Ψ^{abcde} の絶対値の 2 乗で

$$P^{abcde} = \left| \Psi^{abcde} \right|^2 \tag{1.16}$$

と表されることになる。式 (1.13) が行列積であるから … という論理的な関係は持ち出せないのだけれども、この波動関数もまた行列積の形

$$\Psi^{abcde} = \sum_{jk\ell} X_1{}^a{}_j \, X_j{}^b{}_k \, X_k{}^c{}_\ell \, X_\ell{}^d{}_e \tag{1.17}$$

で表せる。但し、テンソル $X_i{}^a{}_j$ などは一般に**複素数**の値であり、添え字 j, k, ℓ が動く範囲も、式 (1.13) とは異なっているかもしれない。ともかくも、式 (1.17) のような縮約の形で与えられる波動関数は、**行列積波動関数** (Matrix Product Wave Function) と呼ばれる。これに対応する物理的な状態

$$|\Psi\rangle = \sum_{abcde} \Psi^{abcde} |abcde\rangle = \sum_{abcde} \sum_{jk\ell} X_1{}^a{}_j \, X_j{}^b{}_k \, X_k{}^c{}_\ell \, X_\ell{}^d{}_e \, |abcde\rangle \tag{1.18}$$

の方は**行列積状態** (Matrix Product State) と呼ばれ、**MPS** と短縮して記述されるものだ。唐突に**ディラックのケット記号** $|abcde\rangle$ が出てきて、わけがわからなくなった方もご心配なく。この辺りは 7.5 節で、より一般的に解説する。ともかく、量子物理学にもテンソルネットワークが登場することを、ひとまず感じ取っていただけただろうか? 次章からは、少しずつ確実に学び進んでいこう。その前に、もうしばらく量子の世界を。

【**どの時点の状態か?**】　少し余計なことを言うと、Ψ^{abcde} が表すのは光子を検出する以前の量子力学的な状態だ。検出器を構成する物質に光子が当たると、電子が弾き飛ばされるなどの物理的な過程が起きるので、いずれかの検出器で光子が検出（捕捉）された後には、もう光子は消え去って (?) いる。では、いつが「検出前」なのだ? という素朴な疑問が生じるのだけれども、これには立ち入らないでおこう。うまく実験装置を組むと、検出前の状態を長い時間にわたって保つことも一応は可能である。

1.3 分子の世界での活躍

いくつかの脚を持つテンソルを網目のように、あるいは鎖のように接続したものがテンソルネットワークであると、何となく頭に浮かぶようになってきただろうか。しかし、

- オモチャのブロックや鏡では何の役にも立たないではないか

と指摘されると、確かにそのとおりだ。後に続く章では**統計物理学**や**量子物理学**、そして**情報数理**などへとテンソルネットワークが幅広く応用されるケースをいろいろと眺めていくのだけれども、まずは**創薬**や**分子設計**などにも使われ、社会にも貢献している**量子化学計算**への応用を紹介するのが良いだろう。身の回りにありふれた物質から、水を題材に選んでみる。

さて、化学式 H_2O が水の分子を表すことは誰でも知っている。この水分子を図に描きなさいという宿題が出たら、絵文字風に $^H O^H$ と書いたり、**化学結合**を線で表して H-O-H と簡単に示したり、上図左のようにネズミのような絵 (?!) を描くだろうか。高校で化学を選択した人ならば、上図右のように 8 個の**価電子** (最外殻電子) を点で示して、酸素と水素の間で**共有結合**が生じていることや、共有結合には関係しない電子 (?) もあることを説明するだろう。また、このような単純な図でも、酸素原子に結合する水素原子が 2 個であることや、水分子には**正に帯電**している部分と**負に帯電**している部分があるという**分子の極性** (分極) などが、おおよそ説明できる。しかし、酸素原子と水素原子がどれくらい強く結びつくかを示す**結合エネルギー**などを、定量的に求めることは流石に無理である。水分子の性質をより精密に調べるには、**量子力学**に基づいた解析が不可欠なのだ。

ここから先は、ちょっと説明の粗い話になるので、理解の及ばないものを目にした場合には文字と図だけを眺めて、量子化学計算が大変であるという雰囲気を楽しむくらいで充分だろう。

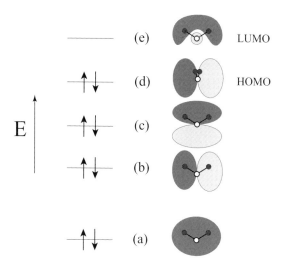

　量子化学の教科書を開くと、**分子軌道**（または電子軌道）を描いた図がいろいろと目に入る。その中に、上図のような水分子のものも含まれているだろう。図に引いた横線は価電子の**エネルギー準位**を示していて、下から上へと、(a), (b), ... (e) の順にエネルギー E が高くなっていく。右側には**波動関数**をラフに描いてあり、色の濃い部分と薄い部分では、波動関数の符号が逆になっている。さらに上側には、より高いエネルギー準位が (f), (g), (h), ... と、いくらでも存在する。短い上向きの矢印 ↑ は **up スピンの電子**、下向きの矢印 ↓ は **down スピンの電子**を表していて、**パウリの排他率**によりそれぞれ 1 個までしか同じ準位には入れない。価電子は 8 個あるので、エネルギー準位 (d) までは ↑↓ と 2 個ずつ電子が入る。（←占有軌道）分子軌道 (d) は**孤立電子対**とも呼ばれ、おおよそ酸素の $2p$ 軌道そのままであり、近隣の水分子と**水素結合**を引き起こすことが知られている。

> **【フロンティア軌道理論】**　電子が占めている**最もエネルギーの高い準位** (d) は **HOMO**（Highest Occupied Molecular Orbital）と呼ばれる。また、電子が入っていない**最もエネルギーの低い準位** (e) は **LUMO**（Lowest Unoccupied Molecular Orbital）と呼ばれる。これらは福井謙一による**フロンティア軌道理論**の言葉づかいだ。分子の化学的な性質は、この HOMO と LUMO からよく説明できることが、広く知られている。

以上の概説は、水分子を**ハートリー・フォック近似**や**密度汎関数法**などの**平均場近似**により取り扱った描像に基づいている。水分子に含まれる 10 個の電子は、**クーロン力**によって互いに避け合うのだけれども、この反発力を平均的に扱った結果なのだ。いわゆる**電子相関**を無視した近似を導入した結果、平均場近似には実験結果と一致しない部分もいろいろと出てくる。

【**局所密度汎函数法**】　電子が感じるクーロン力（クーロンポテンシャル）を、**電子密度**の**局所的な関数**として与える近似的な計算方法は**局所密度汎函数法**と呼ばれ、"計算が軽い" 利点からよく使われている。電子密度が高い場所では割と良い近似になっている反面、最外殻のように電子密度の低い場所で精度を保つには、いろいろと工夫が必要だ。

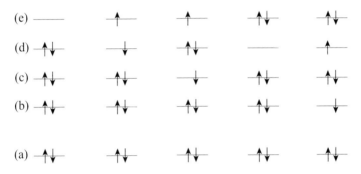

より精密な解析を行うには、**電子間相互作用**が電子の配置を変える働きまでを取り込んだ**配置間相互作用法** (Configuration Interaction Method)、略して **CI** と呼ばれる計算方法を使う必要がある。具体的には上図に描いたように、平均場近似では空っぽ（非占有軌道）であった (e) や (f), (g), (h), … へと、(d) や (c) などの占有軌道から電子が移った数多くの電子配置を、次々と計算に取り込んでいくわけだ。そしてこの枠組みでは、量子力学的な**重ね合わせの係数** $\psi^{abcde\cdots}$　（←眺めるだけで良い）を計算機に収納する必要がある。添え字 $a, b, \cdots$ はエネルギー準位 (a), (b), $\cdots$ の状態を表し、それぞれ値が 0 であれば空っぽ、1 は↑、2 は↓、3 は↑↓に対応している。従って、**計算精度を上げる目的**で多くの軌道を取り扱うと、$\psi^{abcde\cdots}$ の**要素の数**がどんどん増えていき、あっという間に計算機の**記憶容量**を遥かに超えてしまう困難に直面する。いよいよテンソルネットワークの出番だ。

13.1 節で原理を説明する**密度行列繰り込み群** では、重ね合わせの係数 $\Psi^{abcde\cdots}$ を、式 (1.17) と同じように行列積の形で表現する。

$$\Psi^{abcde\cdots} = \sum_{\xi\mu\nu\rho\cdots} A_{a\xi}^{b}\, A_{\xi\mu}^{c}\, A_{\mu\nu}^{d}\, A_{\nu\rho}^{e} \cdots \tag{1.19}$$

この表現の利点は、計算精度をあまり落とさずに添え字 $\xi, \mu, \nu, \rho, \cdots$ の**自由度を小さく保てる**ことで、結果として必要な記憶容量も数値計算量も削減できる。詳細は次章から少しずつ説明していくので、いまは式 (1.19) を眺めておくだけで良い。White と Martin はこの表現に基づいて水分子の基底状態のエネルギーを求め、1998 年に文献 arXiv:cond-mat/9808118 として公表した。比較的小規模な数値計算で、当時知られていた最も精密な数値計算結果（のいくつか）を再現して見せたことから、広く注目を集めた。計算量が同じであれば、それまでの**対角化法**に比べて、より精密に分子の**基底エネルギー**や**イオン化エネルギー**などが計算できるのだ。その後は少しずつ分子量の大きな分子（ヘム構造など）へと密度行列繰り込み群の適用範囲が広がっていった。今日では空間的に広がりのある分子を取り扱う目的で、**木構造ネットワーク**（7.1 節, 7.2 節, 13.2 節）や、**テンソル積状態・PEPS**（13.3 節）などによる量子状態の表現も使われ始めている。

【参考文献は arXiv から】　物理学分野の研究成果は、1991 年から運用が始まった **arXiv.org**（URL は https://arxiv.org）というプレプリントサーバーより公開され始めることが多い。以下で文献を引用する際には arXiv:1412.0732 のように、登録番号を主に使う。古い文献では arXiv:cond-mat/9508111 という表記のものもある。登録番号をキーワードとして検索をかけると、直ちに目的の文献を探し出せるはずだ。

　他の学問分野を見渡すと、社会科学分野ではプレプリントサーバー **SSRN** が 1994 年に、生物学分野では **BioRxiv** が 2013 年に運用を始めた。化学分野では、2017 年の夏に **ChemRxiv** が運用開始となり、同サイト（URL は https://chemrxiv.org）にアクセスして、"**DMRG**" や "**Tensor Network**" などのキーワードで検索すると、最近の**量子化学分野**へのテンソルネットワークの応用事例が、すでに 100 件以上もヒットする。（← 2023 年の時点）医学分野では **MedRxiv** が 2019 年から運営されている。

1.4　電気伝導と磁性

　量子化学への応用よりも前に、テンソルネットワーク形式によって大規模な数値解析が可能になった対象である、**磁性体や導体**を表す格子模型も紹介しよう。鉄のサビなど**金属の酸化物**は、砂鉄のように磁性を示すものや、**ニッケル酸化物 NiO** のように（なぜか?!）低温では**絶縁体**であるものなど、**物質の組成・温度や圧力**などの条件によって多彩な性質を示すことが知られている。このような**磁性と伝導**の絡んだ現象をモデル化したものとして、**Gutzwiller-Kanamori-Hubbard 模型**がよく知られている。下図のように、丸印で示した**金属イオン**が正方格子の上に並んだ場合について、モデルの概略を眺めよう。（この節も斜め読み・読み飛ばしで良い。）

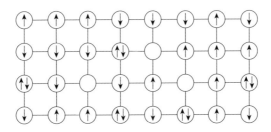

　図の縦線と横線は、電子（またはホール）が飛び移れる道筋を示し、**酸化物**では**酸素原子**などがこのような電子の橋渡しを行なっている。それぞれの金属イオン（サイト）の状態は、前節の分子軌道と同じように空っぽか、電子が 1 個の↑または↓か、電子が 2 個の↑↓のいずれかであるとし、2 個入った↑↓では**クーロン反発**により、エネルギーが特定の値 U だけ増加すると仮定する。これらの設定から何が予想できるだろうか?

【U とは何か?】　その昔、Gutzwiller-Kanamori-Hubbard 模型の金森先生から、U の荒い見積もり方を教わった。**遷移金属イオン**が平均的に n 個の d 軌道電子を持つ場合に、**クーロンエネルギー**は cn^2 と、適当な係数 c を使って近似的に表せる。これが↑または↓の状態で、$n-1$ 個ならば空っぽ、$n+1$ 個ならば↑↓と考えると、U の値は $c(n+1)^2 - 2cn^2 + c(n-1)^2 = 4c$ くらいになるのだそうな。U や c のように、**モデルの記述**に適切なパラメターを見つけ出すのが、**物性物理学**の楽しみなのだろう。

格子点の数と同じだけ電子がある場合、つまり↑スピン電子と↓スピン電子が合わせて N 個あり、クーロンエネルギー U が充分に大きければ、それぞれの金属イオンは下図の左端・右端のように、おおよそ↑または↓の状態になっているはずだ。電流を流そうとして電子を無理に移動させるならば、下図中央のように↑↓が現れて U だけエネルギーが増加する。

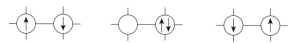

従って、ある U の値 U_c を境に、$U > U_c$ では電子が動けない**絶縁状態**（Mott 絶縁体）となり、$U < U_c$ では電子が動けて電流を流せる**伝導状態**となるだろう。（1 次元の格子では $U_c = 0$ であることが知られている。）伝導状態から絶縁状態への変化は **Mott-Hubbard 転移**（金属絶縁体転移）と呼ばれている。

　2 次元以上の格子で U_c の値を調べるには**数値解析**が必要で、伝統的には精密だけれども大きな記憶容量を必要とする**厳密対角化法**や、乱数を生成して統計平均を求めることから長い計算時間を必要とする**量子モンテカルロ法**などの方法が使われてきた。そこへ、式 (1.19) のような行列積を使う**密度行列繰り込み群**（S.R. White, PRL**69**, 2863; PRB **48**, 10345）が 1992 年に登場して、前述のとおり**高い計算精度**と**短い計算時間**という相反する要請を満たして見せた。こうして**強い相関を持った量子系**への強力な解析手法となった密度行列繰り込み群は、金属絶縁体転移の解析にも使われ始めたのだ。（その結果は ... 実は 2 次元、3 次元格子での U_c の値は、まだ確定していない。）

【**磁性解析から始まった**】　スピンが打ち消し合う↑↓の出現が、大きな U の存在によって妨げられる絶縁状態では、電子の**スピン磁気モーメント**が表に現れた、**磁性を持つ状態**が実現される。12.2 節で顔を出す**ハイゼンベルグスピン模型**は、このような磁性物質をモデル化したものだ。金属イオンの種類や配置によって、さまざまなバリエーションがある。密度行列繰り込み群はまず、1 次元の**ハイゼンベルグスピン鎖**に適用された。当時の関心事であった **Haldane Gap**（$S = 1$ 鎖の励起エネルギー Δ）を数桁の精度で算出し、誰もがあっと驚いたのだ。その後は、梯子型のスピン模型などへ数値解析が広がった。これらの研究が後に、Symmetry-Protected Topological (**SPT**) Order と出会うのは、必然の流れだったのだろう。

1.5 負符号問題の解決

　もうしばらく酸化物の話を。電子（やホール）は物質を構成する素粒子である**フェルミ粒子**の一種で、2 つの電子を入れ換える操作が行われると、状態（を記述する波動関数）の符号が反転する。例えば、下図左端の電子配置から出発して、図の右へ右へと↑電子を玉突きするように動かすと、右端でもとの配置に戻った際に、2 つの↑電子の順番がひっくり返っている。この入れ換えに対する**負符号**が、数値解析に困難を引き起こす要因となる。磁性・伝導などの**物性解析**でテンソルネットワークが注目されている理由の1 つが、この負符号に影響されない汎用性である。

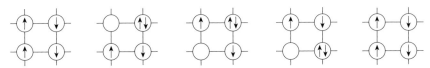

> **【高温超伝導騒ぎ】**　ホールが注入された、いわゆる**ドープされた**（?）セラミックスで、転移温度の高い超伝導が観測されたという一報が 1986 年に世界を駆け巡った。この**高温超伝導**の理論的なモデルとして、すでに知られていた Gutzwiller-Kanamori-Hubbard 模型や、超伝導物質の構造を模して変形された格子モデルが注目され、理論的・数値的な基底状態解析が「爆発的に」行われた。そして実にさまざまな**超伝導メカニズム**が考案されては忘れ去られ、いまだに決定版がない状況だ。

　磁性や伝導に対する有力な数値解析手段としては、**量子モンテカルロ法**が広く使われてきた。ただ、高温超伝導物質のようにドープされた条件下では上述の負符号が原因・遠因となり、低温あるいは低エネルギー状態の解析がうまく行かないのだ。モンテカルロ法にもいろいろと種類があり、負符号が直接的に現れるものもあれば、**行列式の符号**として間接的に現れるものもある。どの手法を使うにしても、量子力学的な期待値を推定する際に、最も基本的な**ノルム**に対するサンプル（←理解しなくて良い）が ＋ 符号だったり － 符号だったりすると**統計的な揺らぎ**が大きくなり、物理量の統計平均を充分な精度で求められなくなるのだ。良いデータを得ようとして大きなサイズの系を扱う場合には、状況がますます悪くなる。

モデルを記述する**ハミルトニアン**の固有値と固有状態の全てまたは一部を求める**厳密対角化法**では、電子の入れ換え符号も正確に扱えるのだけれども、数値計算に膨大な記憶容量を使うことから、解析には限度がある。このように負符号問題が懸案であった頃、1992 年に登場した密度行列繰り込み群は**状態のノルム**を常に**規格化**でき、**負符号問題とは無縁である**点からも注目された。**正準な行列積** (7.4 節) を使って状態を表す**変分形式** (13 章) に基づいて計算を進めていることが、問題解決の秘訣だ。

基底状態の数値解析が可能になったことから、高温超伝導物質のモデル計算が密度行列繰り込み群により進められ、超伝導の発現には重要である**引力相互作用**の見積もりや、**超伝導相関**の推定などが次々と行われた。White や Scalapino らは arXiv:0810.0523 など一連の数値解析により、電荷と磁気が絡んだ縞模様の**ストライプ状態**を、モデル計算により再現して見せた。また、下図のように三角形を含む格子上の**量子スピン系**も、**フラストレーション**に起因する負符号問題があり、モンテカルロ法による解析が難しかったのだけれども、こちらも基底状態解析が可能となった。

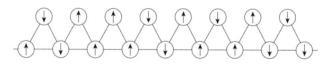

【**特異値分解** v.s. **QR 分解**】　　行列式を使って**フェルミ粒子系**を扱うモンテカルロ法には負符号問題のほかに、**計算誤差**が原因で低温では数値計算が不安定になる問題があった。温度の逆数 $1/T$ に比例する数だけ異なる行列を掛け合わせる計算が必要で、低温では**計算誤差が蓄積する**からだ。解決策として Sorella は、**特異値分解**による**直交化**を導入し、誤差を大きく軽減した。(EPL **8**, 663 (1989)) Loh らは改善案として、特異値分解に比べて計算が軽い **QR 分解**によって、同様の効果を得た。　(Phys. Rev. B **41**, 9301 (1990) ← White や Scalapino も著者)

歴史は繰り返す。近年に急発展したテンソルネットワーク形式でも、**Sorella の方法**と同じように特異値分解がよく使われてきた。最近 Unfried らは文献 arXiv:2212.09782 で、より軽い QR 分解を計算に組み込み、特異値分解と遜色ない精度が確保できることを示した。

1.6 この本の概略

　手短かに各章の概説をしよう。予備知識が必要ないよう、トピックスの順番を一応は工夫してみた。斜め読み・飛ばし読みしてみたり、読み返すのも良いだろう。こうしてテンソルネットワークの計算技法を並べてみると、まだまだ**発展途上の研究分野**であることが容易に認識できる。全編を読み通した頃には、読者それぞれが最先端の専門家となり、「その先」へと開拓を進めていけるはずだ。

　[1章]は読んだばかりだけれども、以下の章を読んだ後にもう一度目を通すことをお勧めしたい。各章のエッセンスがそれとなく含まれていることを、納得できるようになっていることだろう。

　[2章]では数学的な基礎固めとして、テンソル間の縮約を視覚的に描いた**ダイアグラム表記**について学ぶ。実際の数値計算でよく使われる、テンソルの**脚のまとめ書き**や、計算量を抑える秘訣 (?) の**部分和**も紹介する。

　[3章]では「畳の敷き詰め方」を例に取って、**場合の数の数え上げ**をテンソルの縮約を使って表現してみる。**転送行列**を導入した後に、**行列積**と呼ばれる 1 次元的なテンソルネットワークの例も紹介する。

　[4章]では、格子上の物理系を縦横に分割して取り扱う道具として、**角転送行列**に触れる。大昔から使われてきたテンソルネットワークであり、ブロックを組み合わせるようにネットワークを広げていくのが特徴的だ。

　[5章]では、**特異値分解**と呼ばれる行列の変形について学び、現代物理学の香りが漂う (?) **情報量**を導入する。また、量子力学系での**シュミット分解**と**エンタングルメント**も手短かに紹介する。

　[6章]では**角転送行列繰り込み群**を紹介しよう。角転送行列に対して特異値分解を実行して計算量を抑える技法であり、Baxter によって 1968 年に開発された手法を発展させた最先端の計算手法だ。

　[7章]では、特異値分解を繰り返して使う**高次特異値分解**と、その結果得られる**木構造ネットワーク**および**行列積**について概説する。自然な枝分かれがエンタングルメントと関係していることも考察する。

［**8章**］では実用的な例として、行列積を使った**手書き数字の認識**について紹介する。少し計算が込み入っているので、「情報数理への、そういう応用もあるんだ!」と記憶に留める程度でも良いだろう。

［**9章**］では**制限ボルツマンマシン**を例に、行列積演算子を**機械学習**のツールに埋め込む方法を考えてみよう。同様の置き換えは、**ニューラルネットワーク**などさまざまな場面で応用できるはずだ。

［**10章**］では、高次特異値分解を使った**実空間繰り込み群**の形式を導入しよう。繰り込み群変換を行う度に、**長さのスケール**が変わっていく、本当の意味での (?) 繰り込み群となっている。（"繰り込み" は "renormalization" の訳で原意は**再正規化**だ。これに数学用語の群 (group) を付けたものが、繰り込み群である。）

［**11章**］では、量子系に作用してエンタングルメントを減らす**ディスエンタングラー**を導入する。これを木構造ネットワークに挿入した **MERA ネットワーク**が持つ特徴的な性質の一端も概観しよう。

［**12章**］では量子力学系の取り扱いを概説した後で、**時間発展を追跡する方法**を考えていく。同じ計算方法により、量子コンピューターの動作をテンソルネットワークで**シミュレート**することもできるのだ。

［**13章**］では転送行列やハミルトニアンの固有ベクトルを、**変分評価**する方法を考える。変分関数として行列積を仮定すると、**密度行列繰り込み群**が自然と得られる。より高次元の系についても考察しよう。

［**14章**］では、テンソルネットワークの発端から**近年の急発展までの歴史**を辿ってみる。興味深いことに、行列積の形式は何度も再発見されている。今後どのような進展が待っているのか、少し絵空事も述べてみた。

【**論文リスト**】　著者は arXiv に掲載された、テンソルネットワーク関連の主要な文献をリストアップしたホームページを運営している。（2020 年代くらいのうちは。）URL は http://quattro.phys.sci.kobe-u.ac.jp/dmrg.html である。ざっと閲覧してみると、この分野がどのように発展してきたのか把握できるだろう。最近では ChemRxiv への関連論文の投稿も増えてきたので、そちらの成果も拾っていく予定だ。

第**2**章　　**テンソルのダイアグラム表記**

　テンソルネットワーク関連の文献を読むと、「妙な絵」を目にする。それは**ダイアグラム**と呼ばれるもので、数式で書き下すと複雑に見えてしまうテンソルの間の**縮約** (1.2節) を、図で簡潔に示したものだ。ダイアグラムを読みこなすことが、テンソルネットワークに慣れ親しむ早道だろう。何の役に立つのかを抜きにした基礎的な説明に、しばらくお付き合いを。

スカラー

　最初は、単なる数 (?) から話を始めよう。**スカラー**とも呼ばれる、実数あるいは複素数 c を考えるとき、これをダイアグラムで表すならば … そんな必要がもしあるならば 、次のように描くことになる。

丸く、あるいは四角く囲んだ中に、変数を表す文字 c を書き込んだだけの、取り立てて何の特徴もない図形だ。このようにスカラーが単独で登場することは稀で、以下で示すように、テンソルを組み合わせた縮約の計算の結果としてスカラー量が表される場合が多い。

ベクトル

　続いて、**線形代数**でおなじみの**ベクトル**をダイアグラムで表してみよう。n 次元の行ベクトル $\boldsymbol{V} = (V_1, V_2, \cdots, V_n)$ は下図のように、線の突き出たおだんごの形で描き、要素 V_i の添え字 i を線の端に書き込む。

　この本では、特に断らない限りベクトル・行列・テンソルを**大文字の英字**で示し、要素も同じように大文字で記述する。（添え字 i は 1 から n とする場合もあれば、0 から $n-1$ とする場合もあり、折々に都合の良いように数える。）$\mathbf{V}$ を**転置**した列ベクトル $\mathbf{V}^T = (V_1, V_2, \cdots, V_n)^T$ もまた、同じ形のダイアグラムで示す。**複素ベクトル $\mathbf{V}$** に対して**共役** $\mathbf{V}^*$ を考える場合には、ダイアグラムに書き込む文字を V^* に変更することもある。無用の混乱を避けるために、以下の説明は**実ベクトル**に限ることにしよう。

実ベクトル U と V の内積 $U \cdot V = \sum_i U_i V_i$ は下図のように、添え字 i に対応する線で 2 つのおだんごを結び、ダイアグラムとして描く。

内積のようにスカラー量を表すダイアグラムでは、添え字を表す線が必ずおだんごを結んでいて、「結ばれない線」は登場しない。

行列

ベクトルの次は**行列**だ。要素が A_{ij} で表される n 行 m 列の行列は、例えば下図のようなダイアグラムで表される。

$$i \, \text{---}\!\!\! \bigcirc\!\!\! A \, \text{---}\!\!\! j$$

添え字 i と j を表す線は、どちらに向かって伸びていても良い。m 次元ベクトル U に行列 A を作用させて、要素が

$$V_i = \sum_j A_{ij} U_j \tag{2.1}$$

で表される n 次元ベクトル V を得る計算も、下図左のダイアグラム

で表現できる。 （$n = m$ の場合、）行列 A の対角要素の和であるトレース

$$\mathrm{Tr}\, A = \sum_i A_{ii} \tag{2.2}$$

は上図右のように、添え字 i を表す線が A から出て A に入るダイアグラムで描かれることになる。もちろん $\mathrm{Tr}\, A$ はスカラー量だ。

【略記】　ベクトル V の要素 V_i、行列 A の要素 A_{ij} というお行儀の良い言葉づかいは、ちょっと面倒臭い。以下では、より簡潔に

- スカラー c、ベクトル V_i、行列 A_{ij}

と要素を示すことで、ベクトルや行列 (やテンソル) を表現・記述しよう。

2.1　テンソルを描く

何かの個数を数えるときに「1 つ、2 つ、いっぱい」と、3 つ以上は数えられないという冗談がある。さて、L_{ijk} のように添え字が**いっぱい**付いたものを**テンソル**と呼ぶ。まず、L_{ijk} をダイアグラムで示しておこう。

添え字の置き方にはいろいろなバリエーションがあって、L^{ijk} と全て肩付きにしてみたり、ダイアグラム上の位置に準じて $L_{ik}^{\ j}$ と置いてみたりする。

【複素共役】　　文献によって、要素の**複素共役**を表す方法がまちまちなことには、ちょっと注意が必要だ。テンソル L_{ij}^k の複素共役は $\bar{L}_{ij}^k$ や $\overline{L_{ij}^k}$ などバー付きで示したり、L^{*k}_{ij} や $L_{ij}^k{}^*$ や $\left(L_{ij}^k\right)^*$ など $*$ 印を付けて示したりする。添え字の数や配置との調和を考えて、見やすい記法を選ぼう。

前章では下図のように 4 つの添え字を持つテンソル $W_i{}^{\ j}{}_k{}_l$ を扱った。後の章では $\Psi_{\cdots ijklmn\cdots}$ のように、より多くの添え字を持つテンソルも扱っていく。（無限個の添え字を考えることもある。）

何でもテンソル

あちこちで「添え字」と 3 文字使うと場所を取るので、以下では**添え字を短く 脚 と呼ぶ**。また、n 個の 脚 を持つテンソルは n 脚 テンソルと呼ぶ。スカラー・ベクトル・テンソルと細かく区別するのも面倒なことなので、c を 0 脚テンソル、V_i を 1 脚テンソル、A_{ij} を 2 脚テンソル、L_{ijk} を 3 脚テンソル … と脚の数を明示して、何もかもテンソルと呼ぼう。これは、テンソルネットワークの分野では割と普通のことだ。（物理学の分野によっては相対性理論のように、座標変換に対して特別な**変換性**を満たすものだけをテンソルと呼ぶ場合もある。私たちの業界 (?) では、そのような窮屈な定めはなくて、より一般的に「脚さえ付いていれば」何でもテンソルと呼ぶ。）

2.2 記憶容量と計算量

テンソルの使い道はいろいろとあって、数学的な命題を証明する目的で使うこともあれば、物理的なモデルを定義する際に導入することもある。コンピューターを使って何らかの**数値計算**を行う目的でテンソルを持ち出すことも多い。計算機を使う場合には、**記憶容量**や**計算速度**などの計算資源が無尽蔵ではない現実を意識する必要がある。うまく無駄づかいを避ける工夫を重ねることが、「世界一の計算」への近道だ。

理由はともかく、まず 5 脚テンソル T^{ijklm} を題材に取って、**記憶容量**について考えてみよう。それぞれの脚が d 個の異なる値を取り得る、つまり脚の**自由度**が d であるならば、テンソルの要素の数は d^5 個である。前章では脚の値が 0 または 1 である $d = 2$ の場合を取り扱った。d の大きさは計算の対象によりけりで、$d = 100$ とか $d = 10000$ とか、さまざまなケースがある。より一般的に、n 脚テンソルの場合には d^n 個の要素があり、n に対して**指数関数的**に要素の数が増えていく。

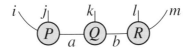

多くの脚を持つテンソルが、いくつかの部分から構成されていることもある。例えば T^{ijklm} が上図のダイアグラムのように

$$T^{ijklm} = \sum_{ab} P^{ij}_{\ \ a} Q^{k}_{a\ b} R_{b}^{\ lm} \tag{2.3}$$

と、3 つのテンソル $P^{ij}_{\ \ a}$, $Q^{k}_{a\ b}$, $R_{b}^{\ lm}$ の間の**縮約**で表されているとしよう。左辺の T^{ijklm} を表す d^5 個の要素を計算機に**記憶する**ことが困難であっても、$P^{ij}_{\ \ a}$, $Q^{k}_{a\ b}$, $R_{b}^{\ lm}$ それぞれを記憶しておく手がある。脚 a や b も d **自由度**であれば、3 脚テンソル 3 つの要素の数は合計 $3d^3$ 個であり、たとえ $d = 2$ であったとしても T^{ijklm} の要素数 d^5 個よりも少ないのだ。この違いは d の値が大きくなるほど顕著となる。

こういう説明をすると、「でも最終的には T^{ijklm} が必要になるでしょ?」という質問が飛んでくるものだ。実際の数値計算では T^{ijklm} のような**多脚テンソル**そのものが必要ではないことも多く、P, Q, R のように少ない脚

のテンソルを組み合わせて、計算目的の**スカラー量** c を求めることが多い。その辺りを、もう少し細かく眺めよう。

内積の計算での部分和

式 (2.3) で脚 $ijklm$ をひとまとめにすると、T^{ijklm} を d^5 次元 (実) ベクトルと見なせる。この場合の、T 同士の内積が求めたいスカラー量 c であるならば、式 (2.3) のテンソル P, Q, R を使って

$$\sum_{ijklm} T^{ijklm}\, T^{ijklm} = \sum_{ijklm}\sum_{abef}\left[P^{ij}_{\ a}\,Q^{k}_{ab}\,R^{lm}_{\ b}\right]\left[P^{ij}_{\ e}\,Q^{k}_{ef}\,R^{lm}_{\ f}\right] \quad (2.4)$$

と表せる。ダイアグラムで表すと、下図のような図形となる。

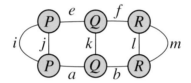

式 (2.4) の左辺で和を取る項の数は d^5 個だ。右辺の和をそのまま実行すると、d^9 個の項を扱うことになり、計算量が一気に増えてしまったように見える。実は、**和を取る順番**を工夫すると、右辺の計算量を大きく抑えることが可能だ。まず、$R^{lm}_{\ b}$ と $R^{lm}_{\ f}$ の間で縮約を取って**部分和**

$$S_{bf} = \sum_{lm} R^{lm}_{\ b}\, R^{lm}_{\ f} \quad (2.5)$$

を作る。式 (2.5) に対応するダイアグラムを下図に描こう。これは上図の右端の部分に対応している。右辺で和を取る項の数は d^4 個で、得られる 2 脚テンソル S_{bf} の要素それぞれは d^2 個の項の和となっている。

続いて Q^{k}_{ab} と S_{bf} の縮約を計算して、引き続き Q^{k}_{ef} との縮約を求めて

$$X^{k}_{af} = \sum_{b} Q^{k}_{ab}\, S_{bf}, \qquad Y_{ae} = \sum_{kf} Q^{k}_{ef}\, X^{k}_{af} \quad (2.6)$$

を作る。X_{af}^k の脚 f の位置はいい加減に決めてある。下図のダイアグラムと見比べて、式 (2.6) を理解すると良いだろう。

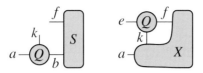

最後に P_a^{ij} と P_e^{ij} について次のように縮約を取って、

$$Z_e^{ij} = \sum_a P_a^{ij} Y_{ae}, \qquad c = \sum_{ije} P_e^{ij} Z_e^{ij} \tag{2.7}$$

式 (2.4) の値をスカラー c として得る。ダイアグラムも示そう。

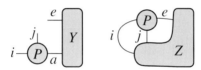

こんな具合に、多くても d^4 個程度の項についての加算を何度か繰り返すことにより、式 (2.4) の計算を済ませることができた。いま求めた内積のように、**細長い梯子型のダイアグラム**で表される計算には、右端から、あるいは左端から順に部分和を作っていくのが効率的だ。

　ここまでの事例を眺めて、数式よりもダイアグラムの方が計算内容を把握しやすいことに気づいただろうか? 実は数式を省略して、ダイアグラムを描くだけで計算の説明を済ませてしまうことも多くある。Evenbly による文献 arXiv:1911.02558 では、モニター画面上でダイアグラムを描くと、自動的に**数値計算コード**を作成するアプリケーションが報告されている。

【テクニカルな注意】　実際の数値計算ではテンソルを**配列変数**に格納して、縮約を表す和の足し上げを**ループ計算**で処理する。この際に、なるべく連続した**記憶領域**がアクセスされ、かつループ内の計算が互いに**因果関係を持たない**独立なものであるように、プログラムを組むことが大切だ。これらを怠ると、とても実行速度が遅くなってしまう。このような工夫は、並列計算機を使って効率よく計算を進める際にも役立つだろう。

(... この辺りを人間が思案するのは今頃が最後なのかもしれない。)

トレースでの部分和

もう 1 つ、部分和が有効な事例を眺めておこう。スカラー量として、行列の積 $ABCDE$ のトレースを考えてみる。

$$\text{Tr}\left(ABCDE\right) = \sum_{ijklm} A_{ij}\, B_{jk}\, C_{kl}\, D_{lm}\, E_{mi} \tag{2.8}$$

ダイアグラムで描くと下図のようになる。

行列の脚が全て d 自由度であれば、右辺で和を取る項の数は d^5 個である。そのまま足し算を行うと時間がかかるので、この場合には積の「どこか」から**部分和**を求めておくのが得策だ。ここではまず、左端から A と B の積 $F = AB$ を求めてみよう。要素で書くと

$$F_{ik} = \sum_{j} A_{ij}\, B_{jk} \tag{2.9}$$

となる。この計算には d^3 個の項しか登場しない。同じように

$$G_{i\ell} = \sum_{k} F_{ik}\, C_{k\ell}, \quad H_{im} = \sum_{\ell} G_{i\ell}\, D_{\ell m} \tag{2.10}$$

と部分的な和を求めていこう。行列の積の計算は、それぞれ d^3 個の項の扱いで済む。最後に $\sum_{mi} H_{im}\, E_{mi}$ と d^2 個の項の和を取れば、式 (2.8) の右辺が求まる。d^5 個の足し算よりも、ずいぶん少ない計算で済んだ。

行列 A, B, C, D, E が**ランダム行列**など、計算誤差の関係で数値的に扱いの難しいものである場合、部分和を取る順番によって最終的に求められるトレースの値が異なることもある。このような場合には、後で導入する**特異値分解** (5 章) が役に立つ。ちょっと無味乾燥な話が続いたので、そろそろ実生活の問題 (?!) に戻ろう。

第3章　畳で学ぶ転送行列

　和室に寝転がって、テンソルネットワークの具体的な取り扱いに親しもう。畳は、いつの間にか**重要な計算技法**のいくつかを習得できる題材である。和室の大掃除をした経験がある方は、**畳の敷き詰め方**に戸惑ったのではないだろうか。掃除の前に、まず部屋の畳を全て取り外して室外で干し、叩いてホコリを落とす。表も裏も掃除機で入念に吸って、部屋も綺麗に掃除して、さあ畳を並べ直して ... というときに遭遇する落とし穴だ。**もとの並べ方**を忘れてしまって、困惑するのである。開き直って、

- 畳を並べる方法は何通りあるのだろうか?

という数学的な問題を考えてみよう。これは 1.1 節で考えた**ブロック並べ**に比べると、いくらかは単純な問題だ。条件を明確にしておこう。普通の畳には**表裏**があって、イグサで覆ってある表の面を上にして床に置く。また、

- 畳はどれも同じで、見分けられない

としよう。実際の畳は一枚一枚の色が微妙に違っていて見分けがつくのだけれども、理想的に見分けられないとする。畳を 180 度回転して置いても、もとと同じ状態だとしよう。真四角な 2 畳の部屋では、

この 2 つの並べ方しかない。大人が眠れる 3 畳の部屋では 3 通りで、

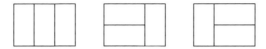

よくある 6 畳の部屋ならば ... すでにたくさんありすぎて 描き切れない。（実は 11 通り）

3.1 Baxter に学ぶバーテックス模型

唐突に畳の敷き詰め方を議論し始めたには理由がある。実は、テンソルネットワークの開祖とも言える Baxter によって 1968 年に研究発表された「正方格子上のダイマー」(J. Math. Phys. **9**, 650 (1968)) が正に畳そのもので、**バーテックス模型**と呼ばれる格子上の数理モデルなのである。

まずは下図のように、畳の中央に 1 を、周囲に 0 を書き込んでみる。この時点ですでに、何となくテンソルネットワークの香りが漂ってくる。

数字は $\begin{smallmatrix} & 0 & 0 & \\ 0 & & 1 & & 0 \\ & 0 & 0 & \end{smallmatrix}$ と並んでいる。これは $\begin{smallmatrix} & 0 & \\ 0 & & 1 \\ & 0 & \end{smallmatrix}$ と $\begin{smallmatrix} & 0 & \\ 1 & & 0 \\ & 0 & \end{smallmatrix}$ が隣り合わせになったものだ。畳が縦に置かれていると $\begin{smallmatrix} & 0 & \\ 0 & & 0 \\ & 1 & \end{smallmatrix}$ と $\begin{smallmatrix} & 1 & \\ 0 & & 0 \\ & 0 & \end{smallmatrix}$ が積み重なった配置となる。試しに、このルールを 6 畳間に持ち込んでみよう。畳が下図左のように並んでいれば、下図中央のように数字を書き込むことになる。

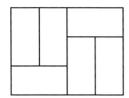  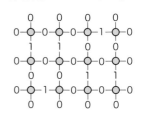

この状況は上図右のように、それぞれの畳に 4 脚テンソル $W{}^{b}_{a}{}^{}_{c}{}_{d}$ を 2 つずつ置いたものとも見なせる。並んだ 0 と 1 を、**テンソルの脚の値**だと考えるわけだ。部屋の周囲、言い換えると部屋の**境界**は、必ず 0 で囲まれる。このような制約は、**固定端境界条件**と呼ばれるものだ。

> 【**バーテックス**】　昔はテンソルを表す丸印を描かずに、単に「十字」でテンソルを図示していた。十字は**バーテックス** (vertex)、つまり道や枝の分岐にも見える。この類似から、4 脚テンソルを並べて定義する数理モデルは慣習的に**バーテックス模型**と呼ばれている。（より日本語っぽく**頂点模型**と呼ばれることも多い。）

テンソルの値

4 脚テンソル $W_a{}^{b}{}_c{}_d$ は、脚 a, b, c, d がそれぞれ 0 と 1 の値を取り得るので、全部で 16 個の要素がある。前ページで眺めた「畳の並びに現れる脚の組み合わせ」に対しては

$$W_0{}^{0}{}_1{}_0 = W_1{}^{0}{}_0{}_0 = W_0{}^{0}{}_0{}_1 = W_0{}^{1}{}_0{}_0 = 1 \tag{3.1}$$

と、テンソルの値を 1 に定めよう。それ以外の 0 と 1 の配置の場合には $W_a{}^{b}{}_c{}_d = 0$ と置く。これで、畳を並べる場合の数が、**テンソルネットワーク**によって自動的に与えられるのである。2 畳の部屋で計算してみよう。

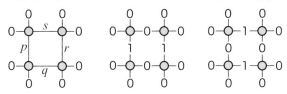

まず上図左のようにテンソルを 4 つ並べる。部屋の周囲、つまりダイアグラムの外周には固定端境界条件により 0 が並ぶ。テンソルの間を**橋渡しする脚** p, q, r, s については次式のように**縮約**を取る。

$$c = \sum_{pqrs} W_0{}^{p}{}_q{}_0\; W_q{}^{r}{}_0{}_0\; W_s{}^{0}{}_0{}_r\; W_0{}^{0}{}_s{}_p \tag{3.2}$$

右辺は 16 項の和であり、式 (3.1) に含まれない $W_0{}^{0}{}_0{}_0 = 0$ や $W_0{}^{0}{}_1{}_0 = 0$ のような配置を含む項は値が 0 となる。結果として残るのは上図中央と上図右に示した 0 と 1 の配置のみであり、式 (3.2) の総和の値は $c = 2$ と求められる。これは確かに、2 畳の部屋に畳を敷き詰める場合の数に一致している。3 畳の場合についても、容易に確かめられるだろう。

【**四畳半の場合**】 普通の畳に、半分に切った大きさの**正方形の畳**を混ぜて使う場合がある。四畳半の部屋がよく知られた例だ。こういう場合も含めて並べ方の総数を数えたいならば、$W_0{}^{0}{}_0{}_0$ の値を 1 にしておけば良い。正方形の畳を 90 度だけ回転させると、畳表のイグサの向きが変わるので、その違いも含めて数え上げたければ $W_0{}^{0}{}_0{}_0 = 2$ と置くと良い。

3.2 行列積・行列積関数

　畳のようにテンソルが**格子状に並んでいる**場合、解析に使える便利な道具があるので紹介しよう。（縮約によって表現されるテンソルネットワークにはいろいろな種類があり、一般的には必ずしもテンソルが規則的に並んでいるとは限らない。）ちょっとした宴会場にもなる 18 畳の和室について、畳の並べ方の総数 c を表すテンソルネットワークを描いてみると、下図のとおり**網目**らしい図形となる。$18 \times 2 = 36$ 個のテンソル W を互いに接続する 60 本の線が縮約を表していて、このダイアグラムが表す和の項数は 2^{60} 個にもなる。

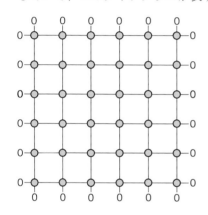

行と列: 線形代数で**行列**を習うときには、横一列に並ぶものが**行** (row) で、縦に積み重なるものが**列** (column) であると教えられる。これに倣って、テンソルが縦横に並ぶダイアグラムでも、それぞれの横一列を行、縦の積み重ねを列と呼ぶ慣習になっている。以下の解説では日常的な感覚を優先して、下から 1 段 2 段と、**段数**で数えていこう。

　前章で概説したように、**縮約の順番**を工夫したり**部分的な和**を作っておくと、見通しよく計算量を減らせる。上図の一番下側には次の部分がある。

この横一列のダイアグラムは、縮約を通じて得られる 6 脚テンソル

$$\Psi^{abcdef} = \sum_{ijklm} W^{a}_{0\ i}\ W^{b}_{i\ j}\ W^{c}_{j\ k}\ W^{d}_{k\ l}\ W^{e}_{l\ m}\ W^{f}_{m\ 0} \tag{3.3}$$

を表している。式 (3.1) で与えられるテンソルの要素を思い浮かべると、右辺の各項の値は 0 か 1 のいずれかとなることが理解できるだろう。また、値が 0 である項の方が圧倒的に多い。「**境界条件**により 0 に固定されてい

る脚」は、テンソルの脚として明示する必要もないので、左辺の Ψ^{abcdef} では省略してある。同じように、右辺からも 0 を取り除く目的で、記号

$$D^a_i = W0{}^a_0{}_i \qquad D^b_{ij} = Wi{}^b_0{}_j \qquad D^c_{jk} = Wj{}^c_0{}_k$$

$$D^d_{kl} = Wk{}^d_0{}_l \qquad D^e_{lm} = Wl{}^e_0{}_m \qquad D^f_m = Wm{}^f_0{}_0 \tag{3.4}$$

を導入しよう。3 つの脚を持つ D は、脚を表す文字が異なるだけで、互いに同じ 3 脚テンソルだ。例外的に、左端には 2 脚テンソル D^a_i が、右端には D^f_m が現れる。これらの省略された記号を使うと、式 (3.3) は

$$\Psi^{abcdef} = \sum_{ijklm} D^a_i \, D^b_{ij} \, D^c_{jk} \, D^d_{kl} \, D^e_{lm} \, D^f_m \tag{3.5}$$

と短く表せる。隣り合う 3 脚テンソル D^b_{ij} と D^c_{jk} に着目すると、脚 j による縮約は**行列の掛け算**のように見えてくる。下付きの脚 i, k, l, m についても同様だ。この類似から、右辺のような縮約は慣習的に**行列積**と言い表され、式 (3.5) のように構成される Ψ^{abcdef} は**行列積関数** (Matrix Product Function) と呼ばれる。右辺の縮約を実際に求める必要が生じることは稀なのだけれども、何らかの理由により計算する場合には部分和を順番に

$$E^{ef}_l = \sum_m D^e_{lm} \, D^f_m \,, \quad F^{def}_k = \sum_l D^d_{kl} \, E^{ef}_l \,, \quad G^{cdef}_j = \sum_k D^c_{jk} \, F^{def}_k$$

$$H^{bcdef}_i = \sum_j D^b_{ij} \, G^{cdef}_j \,, \quad \Psi^{abcdef} = \sum_i D^a_i \, H^{bcdef}_i \tag{3.6}$$

と求めていけば、計算量を節約できる。

【自由境界条件】　畳のことを忘れると、部屋の周囲に並ぶ数字が 0 のみならず、1 も許す条件も考えられる。これは**自由境界条件**と呼ばれるものだ。この場合には境界に面した脚について和を取って、

$$D^a_i = \sum_{st} Ws{}^a_t{}_i \,, \quad D^b_{ij} = \sum_u Wi{}^b_u{}_j \,, \quad D^c_{jk} = \cdots \tag{3.7}$$

とテンソル D が与えられる。この他にも色々な境界条件が設定可能だ。

3.3 転送行列

行列積 Ψ^{abcdef} の上に積み重なる、下から 2 段目の部分に着目しよう。

ここに抜き出して描いたものは、一列に並んだ 4 脚テンソルの間の縮約

$$T^{opqrst}_{abcdef} = \sum_{ijklm} W_0{}^{o}{}_{i}{}_{a}\, W_i{}^{p}{}_{j}{}_{b}\, W_j{}^{q}{}_{k}{}_{c}\, W_k{}^{r}{}_{l}{}_{d}\, W_l{}^{s}{}_{m}{}_{e}\, W_m{}^{t}{}_{0}{}_{f} \quad (3.8)$$

で、水平な向きに伸びた「縮約を取る脚」には式 (3.3) と同じように、文字 i, j, k, l, m を使った。このように

- 和を取る脚を表す文字は「使い捨ての記号」と考え、

同じ文字をあちこちで再利用する。いま導入した T^{opqrst}_{abcdef} は、**転送行列** (Transfer Matrix) と呼ばれるものだ。

式 (3.8) 右辺の縮約を実際に求めることは稀だけれども、もし T^{opqrst}_{abcdef} を直接的な形で持つ必要があれば、（文字 L を再利用して表した）部分和

$$L^{op}_{ab}{}_{j} = \sum_i W_0{}^{o}{}_{i}{}_{a}\, W_i{}^{p}{}_{j}{}_{b} \;,\quad L^{opq}_{abc}{}_{k} = \sum_j L^{op}_{ab}{}_{j}\, W_j{}^{q}{}_{k}{}_{c} \;,\quad \cdots \quad (3.9)$$

を求めつつ計算する。特に $L^{opq}_{abc}{}_{k}$ は T^{opqrst}_{abcdef} の左半分に相当している。また、右半分の $R_k{}^{rst}_{def}$ も同じように求められる。$L^{opq}_{abc}{}_{k}$ や $R_k{}^{rst}_{def}$ は **Half Row Transfer Matrix** (HRTM) と呼ばれるもので、転送行列は両者の縮約

$$T^{opqrst}_{abcdef} = \sum_k L^{opq}_{abc}{}_{k}\, R_k{}^{rst}_{def} \quad (3.10)$$

でも表せる。なお、テンソルの脚を明示する必要がない場合には、思い切って $T = L \cdot R$ などと略記することもある。

T^{opqrst}_{abcdef} が行列の性質を持つことは、行列積 Ψ^{abcdef} との縮約

$$\Psi'^{opqrst} = \sum_{abcdef} T^{opqrst}_{abcdef}\, \Psi^{abcdef} \quad (3.11)$$

を眺めると理解できる。（ダイアグラムを下図に示す。）$abcdef$ と $opqrst$ が、それ
ぞれ行列の脚として働き、ベクトルとみなした Ψ^{abcdef} に転送行列 T^{opqrst}_{abcdef}
を「かけ合わせて」新たなベクトル Ψ'^{opqrst} が得られるわけだ。

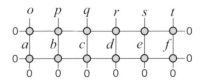

続いて、下から 3 段目の転送行列 T^{uvwxyz}_{opqrst} を Ψ'^{opqrst} に作用させると

$$\Psi''^{uvwxyz} = \sum_{opqrst} T^{uvwxyz}_{opqrst} \Psi'^{opqrst} \tag{3.12}$$

を得る。続けて 4 段目、5 段目と転送行列をかけていき、部屋の境界に対
応する 6 段目まで縮約を進めると、畳の敷き詰め方の数 c が得られる。

部分和による積

式 (3.11) の計算も、通常は転送行列 T^{opqrst}_{abcdef} を明示的には持たずに、部
分和を作りながら行う。式を書くと長くなるので、ダイアグラムで手順を
示そう。まず、Ψ^{abcdef} と $W m \overset{t}{\underset{f}{}} 0$ の間で、脚 f による縮約を下図のよう
に取って、$abcdemt$ を脚に持つ部分和求める。

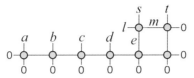

次に、$W l \overset{s}{\underset{e}{}} m$ との間で、脚 e と m による縮約を下図のように取り、

結果として $abcdlst$ を脚に持つ部分和を得る。同様に、$W k \overset{r}{\underset{d}{}} l$, $W j \overset{q}{\underset{c}{}} k$,
$W i \overset{p}{\underset{b}{}} j$ との縮約を 1 つずつ順番に取っていき、最後に $W 0 \overset{o}{\underset{a}{}} i$ との縮約を
終えると式 (3.11) 左辺の Ψ'^{opqrst} を得る。式 (3.12) も同じように求める。

3.4 行列積は行列積

下から3段目までの縮約の結果として式 (3.12) で得られた Ψ''^{uvwxyz} は、**部屋の下半分**に対応する6脚テンソルである。ダイアグラムは下図のとおりだ。スペースを節約するために、図形を縦に圧縮した。

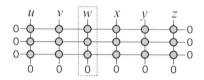

点線で囲った部分には4脚テンソルが3つ「積み重なった」形の縮約

$$D_{(j''j'j)(k''k'k)}^{\;\;w} = \sum_{cq} W{j''}_{\;\;q}^{\;\;w}{}_{k''}\; W{j'}_{\;\;c}^{\;\;q}{}_{k'}\; W j_{\;\;0}^{\;\;c}{}_{k} \qquad (3.13)$$

がある。対応するダイアグラムは下図のようになり、境界条件で0に固定されている脚を数えなければ、7脚テンソルである。

$$
\begin{array}{c}
w \\
j''\!-\!\bigcirc\!-\!k'' \\
j'\!-\!\bigcirc\!-\!k' \\
j\!-\!\bigcirc\!-\!k \\
0
\end{array}
$$

式 (3.13) の左辺では j'', j', j を $(j''j'j)$ とまとめ、k'', k', k を同様に $(j''j'j)$ とまとめて、3脚テンソルのように $D_{(j''j'j)(k''k'k)}^{\;\;w}$ と書き表した。

脚をまとめる

脚を $(j''j'j)$ と並べるのは煩雑だ。j'', j', j は0か1の値を取るので

$$\mu = 4j'' + 2j' + j = 2^2 j'' + 2^1 j' + 2^0 j$$
$$\nu = 4k'' + 2k' + k = 2^2 k'' + 2^1 k' + 2^0 k \qquad (3.14)$$

と、0から7までの値を取る脚 μ と ν を定めておくと都合が良い。この記法を使うと、式 (3.13) の左辺は $D_{\mu\nu}^{\;\;w}$ と表せて、式 (3.4) の $D_{jk}^{\;\;c}$ と同じ形となる。同様のまとめ書きを進めると、Ψ''^{uvwxyz} の脚 u の下には $D_{\;\;\xi}^{u}$ があり、脚 v の下には $D_{\xi\mu}^{v}$ があり ... と、次々と3脚テンソルを書き出せ

る。結果として Ψ''^{uvwxyz} は、式 (3.5) のような**行列積**の形

$$\Psi''^{uvwxyz} = \sum_{\xi\mu\nu\rho\sigma} D^u_{\ \xi} D^v_{\xi\mu} D^w_{\mu\nu} D^x_{\nu\rho} D^y_{\rho\sigma} D^z_{\sigma} \tag{3.15}$$

で表すことが可能だ。右辺で縮約されるギリシア文字の脚を、細線を束ねたイメージの (?) 太線で表すと、この行列積は下図のように描ける。

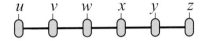

敷き詰め方

3.2 節の最初に考えた 18 畳の部屋には、特に**向きの区別**などなかったので、Ψ''^{uvwxyz} は部屋の上半分、つまり 4 段目・5 段目・6 段目に対応する 6 脚テンソルとみなすことも可能だ。上半分と下半分の間で縮約

$$c = \sum_{uvwxyz} \Psi''^{uvwxyz} \Psi''^{uvwxyz} \tag{3.16}$$

を取ると「畳の敷き詰め方の総数 c」を得る。このように c を求めると、転送行列を作用させる回数を半分くらいまで減らすことが可能だ。確認も兼ねて、脚をまとめない描き方で右辺の縮約を図示しておこう。

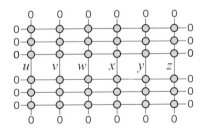

計算量

式 (3.16) へと至るまでに、どれくらいの数の項について足し算を行ってきたか、ざっくりと概算してみよう。最も計算の手間がかかるのが式 (3.11) や式 (3.12) が示す、転送行列の掛け算だ。前節で考えたように部分和を作りつつ計算を進めても、「4 脚テンソルを 1 個付け加えるごと」に 2^9 回くらいの足し算が必要だ。それを 10 回程度は繰り返すので、$2^{12} \sim 2^{14}$ 回程度の和の計算を行うことになる。さて c の値は? これはまあ、プログラムを組んで計算させれば自然と出てくる数字なので、宿題にしておこう。

3.5 場合の数とエントロピー

2畳の部屋と、18畳の部屋について考えてきた。より一般的に、4脚テンソル W が横に N 個並び、縦に M 段積み重なるような「四角いテンソルネットワーク」で表される $NM/2$ 畳の部屋についても、畳の敷き詰め方を数えられる。その数を $c(N, M)$ で表そう。（但し MN は偶数でなければならない。MN が奇数の場合は、隙間を埋める真四角な畳を1枚用意する必要がある。）

理由抜きで事実だけを述べると、$c(N, M)$ は積 MN に対してほぼ**指数関数的**に増大することが知られている。対数を取ると、適当な比例定数 k で記述される近似的な比例関係

$$\log\Big[c(N, M)\Big] \sim k N M \qquad (3.17)$$

が成立しているわけだ。より正確には

$$\lim_{N \to \infty} \lim_{M \to \infty} \frac{1}{NM} \log\Big[c(N, M)\Big] = k \qquad (3.18)$$

と表すべきだろうか。この k の値はどのような数なのだろうか？ **解析的な数**なのだろうか？ という数学的な関心もあるだろう。

【物理の言葉づかい】 部屋に畳を並べることは、固体の平らな表面に分子を並べていくような**ミクロな現象**の物理モデルとも考えられる。**統計物理学**では式 (3.18) のような極限操作がよく使われ、**熱力学極限**と呼ばれる。特に、式 (3.17) のように「場合の数」の対数を取ったものは**エントロピー**と呼ばれる量で、熱的な物理現象の理解には必須のものである。

$c(N, M)$ の増加が指数関数的であることから、数値計算を通じて $c(N, M)$ を正確に求められる N や M には厳しい上限がある。従って、式 (3.18) の極限を「書いてあるがままに」取ることは困難だ。このような極限値を求める場合には、どうにかして収束を速める工夫が必要となる。

式 (3.17) や式 (3.18) に現れる定数 k は、部屋の境界（周囲・四隅）から遠く離れた、部屋の真ん中付近の事情を反映している。部屋の端の方では、境界の存在により畳の置き方に制限が生じることは、容易に予想できるだろう。このような**境界効果**を、なるべく打ち消すことが、k を求める際に

重要となる。横に N 縦に M の大きさの部屋では、**周の長さ**が $2N + 2M$ となることを、まず覚えておこう。

漸化式を使う

さて、$c(N, M)$, $c(N + 2, M)$, $c(N, M + 2)$, $c(N + 2, M + 2)$ を使って、

$$r = \frac{c(N, M)\, c(N + 2, M + 2)}{c(N + 2, M)\, c(N, M + 2)} \tag{3.19}$$

という比を取ってみる。分子に並ぶ部屋について、周の長さを合計すると $[2N + 2M] + [2(N + 2) + 2(M + 2)] = 4N + 4M + 8$ となる。分母について、同様に周の長さの合計を取ると、$[2(N + 2) + 2M] + [2N + 2(M + 2)] = 4N + 4M + 8$ と、同じ値を得る。この事実より、式 (3.19) では、分子に現れる境界の影響と、分母に現れる境界の影響が、(角の部分の効果も含めて) 互いに打ち消し合うことが期待される。ここで、式 (3.17) の関係式 $c(N, M) \sim e^{kNM}$ を式 (3.19) に代入すると

$$r \sim e^{kNM} e^{k(N+2)(M+2)} e^{-k(N+2)M} e^{-kN(M+2)} = e^{4k} \tag{3.20}$$

という近似的な関係式が得られる。このことから式 (3.19) の対数

$$\log c(N, M) + \log c(N+2, M+2) - \log c(N+2, M) - \log c(N, M+2) \tag{3.21}$$

は N や M を増やすと、比較的速やかに $4k$ へと収束していく。実際に計算してみるときには、常に $N = M$ の場合だけを扱うのが簡便で良いだろう。

以上の工夫により、少しは k を求めやすくなったのだけれども、依然として数値計算上の都合から、あまり N や M を大きくは取れない。この制約を少しでも緩めることができないだろうか? という切実な要望 (?) に、テンソルネットワークの枠組みはいくつかの答えを用意してくれる。

- どれくらい大きな N, M まで $c(N, M)$ を求められるだろうか?

ということを、主な関心事の 1 つに据えて、テンソルネットワークを使った数値計算についてぼちぼち説明していこう。

3.6 ループ模型・棒模型

　4 脚テンソルを縦横に並べたテンソルネットワークは、畳の敷き詰め方の他にもいろいろな使い道がある。例えば格子の上に**閉じたループ**を好きな個数だけ描く方法が何通りあるか？ という**数え上げ**がよく知られている。下図に、ループが 2 個ある場合を描いてみた。隣り合う丸印の間の距離を 1 として、下図左では長さ 4 のループと、長さ 16 のループが太線で描かれている。下図右では、長さ 22 のループの内側に長さ 4 のループがある。ループが**通らない**空白の場所があっても良いことにしよう。どちらの図も数えるべきループ配置の例で、縮約を表すダイアグラムではない。

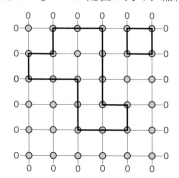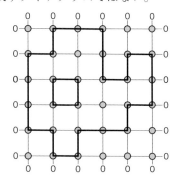

　ループが 1 個の場合、2 個の場合 … と、それぞれ場合の数を手作業で数えるのは不可能だ。縦横に並ぶ 4 脚テンソルに対して、ループが描かれている太線には脚の値として 1 を、細線には 0 を対応づけてみよう。このように考えると、図に現れ得る 0 と 1 の配置を持つ 4 脚テンソルに対し、

$$W_0 {\,}^1_{\;\;1}{}_{0} = W_1 {\,}^1_{\;\;0}{}_{0} = W_1 {\,}^0_{\;\;0}{}_{1} = W_0 {\,}^0_{\;\;1}{}_{1}$$

$$= W_0 {\,}^1_{\;\;0}{}_{1} = W_1 {\,}^0_{\;\;1}{}_{0} = W_0 {\,}^0_{\;\;0}{}_{0} = 1 \tag{3.22}$$

と値を 1 にしておけば都合が良いことに気づく。これ以外の脚の配置に対しては $W = 0$ と定めておくと、並ぶテンソル全てに対する縮約の値 c として、ループを描く場合の数が自動的に得られるのだ。但し、全体が $W_0 {\,}^0_{\;\;0}{}_{0}$ で埋め尽くされた、ループが 0 個の場合も「1 通り」と数える。以上で考えた数え上げ問題は、**ループ模型** (Loop Model) の特別なケースだ。

　同じ配置の縮約でも、4 脚テンソルの脚の取り得る範囲やテンソルの値を変えると、異なる「数え上げモデル」がいろいろと得られる。例えば**長さが 3 の棒**を、隙間があっても良いという条件の下で並べる、場合の数を求める問題を考えてみよう。下図左は縦に置かれた棒が 3 本、横に 4 本で、ところどころに隙間がある。下図右は縦に 6 本並ぶ場合だ。

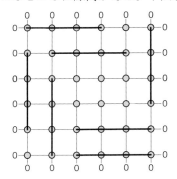 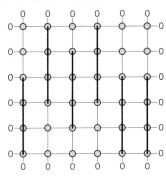

棒が 1 本もない場合からたくさんつめ込んだ場合まで、どれくらい並べ方があるだろうか? これを、テンソル間の縮約の値 c として求めるには、次のように 4 脚テンソルの値を定めておけば良い。

$$W0\,{}^{0}_{1}{}_{0} = W1\,{}^{0}_{2}{}_{0} = W2\,{}^{0}_{3}{}_{0} = W3\,{}^{0}_{0}{}_{0} = 1 \tag{3.23}$$

$$W0\,{}^{0}_{0}{}_{1} = W0\,{}^{0}_{0}{}_{2} = W0\,{}^{0}_{0}{}_{3} = W0\,{}^{3}_{0}{}_{0} = W0\,{}^{0}_{0}{}_{0} = 1$$

見てのとおり、棒が通らない場所は脚の値が 0 で、棒の左端と上端では 1、途中では 2 で、右端と下端では 3 となる。これ以外の脚の配置では、4 脚テンソルの値が 0 となる。式 (3.23) で定めた 4 脚テンソルは**非対称**であることに注意しよう。$W1\,{}^{0}_{2}{}_{0} = 1$ は $W1\,{}^{0}_{2}{}_{0} = 0$ とは値が異なるのだ。

　長さが 3 の棒について理解できれば、長さが 4 の場合、5 の場合と一般化することは容易だろう。棒の長さが長くなるほど、上図右のように一方に揃った場合の数が**相対的に**多くなる。これは、棒をたくさん箱に入れて「ゆする」と全ての棒が揃うという、日常的な (?) 現象に対応している。特に、長さが 5 を超えた場合に、揃いやすいことが知られている。

3.7 イジング模型

　テンソルネットワークの模型を紹介していくと、ついつい統計物理学に深入りしてしまうのだけれども、4 脚テンソルが格子を組んだ模型の元祖である**イジング模型**は外せない。磁石となる物質、**強磁性体**の模型として Lenz が 1920 年に提唱したものだ。大学院生であった Ising が**転送行列**を使って、格子が 1 次元の場合について熱力学解析を行ったことから、今日ではイジング模型と呼ばれている。ここでは、格子が 2 次元の場合を観察して、自然な形でテンソルネットワークになっていることを確認しよう。

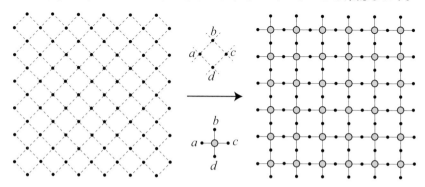

　上図左のように斜めになった格子の、黒点で描いた格子点それぞれに ± 1 の値を取る**イジングスピン**があり、隣り合うスピンが同じ値、つまり同じ向きならエネルギーが $-J < 0$ に、異なる値（逆向き）ならば $J > 0$ となる**イジング相互作用**が働いている場合を考える。（統計物理学に詳しくない方は、ここから先を斜め読みして良い。）上図中央のように、Face と呼ばれる格子の正方形を囲む 4 つのスピン $a, b, c, d = \pm 1$ に着目すると、この範囲での相互作用エネルギーは $-J(ab + bc + cd + da)$ となる。統計力学的に、温度 T の下での**スピン配置の出やすさ**を表す（局所的な）**ボルツマン重率**は

$$W a\!\!^{b}_{d}\!\!c = \exp\left[\frac{J}{kT}(ab + bc + cd + da)\right] \tag{3.24}$$

と与えられる。但し k は**ボルツマン定数**で、$W a\!\!^{b}_{d}\!\!c$ は見てのとおり 4 脚テンソルだ。上図右のように W を接続して、全ての脚（スピン）について縮約を取ったものは**分配関数**と呼ばれ、記号 Z で表す慣習がある。テン

ソルネットワークの縮約を求める計算方法はいままで説明してきたとおり
で、W の値として式 (3.24) を当てはめれば、そのままイジング模型とな
るわけだ。なお、外部磁場 h が存在する場合には、式 (3.24) の右辺に因子
$e^{h(a+b+c+d)/2kT}$ が付け加わる。イジング模型をテンソルネットワークの形
で表現する方法は、ここで紹介したものの他にもいくつもあり、**裏格子変
換**を使うもの、**Fisher の超交換模型**を使うものなどがよく知られている。

【すでにテンソルネットワーク百周年?!】 イジング模型を通じて、統計
物理学の分野では 1930 年代から「明示的ではない形で」テンソルネット
ワークが扱われてきた (14 章)。当時の状況は文献 Rev. Mod. Phys. **39**,
883, (1967) などを通じて垣間見ることができる。単純に見えるイジング
模型に取り付いて研究を始めた人々が、次々と成果を得ていったのだ。イ
ジング (1900-1998)、ベーテ近似で有名な H. Bethe (1906-2005)、と長命
な研究者がポツポツ目立つのがこの分野の特徴かもしれない。 (統計的な裏
付けのないことなので、反例はいくらでもある。)

　イジング模型が今なお広く研究され続けている理由の 1 つとして、空間
の次元によらずモデルを定義できるという汎用性を兼ね備えていて、格子
の次元が 2 以上である場合に、磁性状態の**相転移**を示すことも挙げられる。
温度 T が低い状況では、**エネルギー**を下げるために大多数のスピンが同じ
向きに揃った**強磁性状態**となり、ある温度を境に、より高温では**エントロ
ピー**が大きくなるよう、スピンの向きがバラバラな**常時性状態**となるのだ。
ちょうど境目となる**転移温度**では、**相関長**が無限大となって、特徴的な長
さが存在しない**臨界状態**が実現される。 (相互作用のタイプによっては、臨界とな
らない 1 次相転移も起きる。) 臨界状態には、物理量の期待値が領域の広さに比
例しないという奇妙な性質がある。その背景が重点的に調べられ、Wilson
による**繰り込み群**の概念の形成へとつながった。

　スピンが 2 状態であることから、記憶や認識など神経回路の働きを模し
た**ニューラルネットワーク**を構成する微視的なモデルの一例として、初め
てイジング模型を学ぶ人々も最近では増えてきた。この、情報処理を目的
とする応用では、相互作用の大きさや外部磁場が、場所によって変化する
不均一なイジング模型が低温で示す性質が使われる。 (9 章)

第**4**章　　**角転送行列**

　テンソルネットワークの技法を見渡すと、その一角を占める**角転送行列** (Corner Transfer Matrix, **CTM**) の形式が目に入る。これは Baxter によって 1968 年に編み出された手法で、格子状に同じテンソルが並ぶ場合に、**縮約**に必要な計算量を小さく抑える目的でよく使われる。必ず学ぶべきであるとは言えないものの、角転送行列の構成を通じて**部分和**の作り方をいろいろと学べる。（お急ぎの方は読み飛ばして次章へどうぞ。）

　計算対象としては前章で考えた、格子状に並んだテンソルの縮約を扱う。式 (3.1) で与えた 4 脚テンソルの要素 16 個を再び示しておこう。

$$\text{値が}1:\quad {}_{1}\overset{0}{\underset{0}{W}}{}_{0},\ {}_{0}\overset{1}{\underset{0}{W}}{}_{0},\ {}_{0}\overset{0}{\underset{0}{W}}{}_{1},\ {}_{0}\overset{0}{\underset{1}{W}}{}_{0} \tag{4.1}$$

$$\text{値が}0:\quad {}_{1}\overset{1}{\underset{0}{W}}{}_{0},\ {}_{0}\overset{1}{\underset{0}{W}}{}_{1},\ {}_{0}\overset{0}{\underset{1}{W}}{}_{1},\ {}_{1}\overset{0}{\underset{0}{W}}{}_{0},\ {}_{1}\overset{0}{\underset{1}{W}}{}_{0},\ {}_{1}\overset{0}{\underset{1}{W}}{}_{1},$$
$$\phantom{\text{値が}0:\quad}{}_{1}\overset{1}{\underset{0}{W}}{}_{1},\ {}_{1}\overset{0}{\underset{1}{W}}{}_{1},\ {}_{1}\overset{1}{\underset{1}{W}}{}_{1},\ {}_{1}\overset{1}{\underset{0}{W}}{}_{0},\ {}_{0}\overset{0}{\underset{0}{W}}{}_{0},\ {}_{1}\overset{1}{\underset{1}{W}}{}_{1}$$

次式のように脚の位置を上下または左右に反転したり、時計回り・反時計回りにグルリと回しても、このテンソルの値は不変である。

$$\ {}_{a}\overset{b}{\underset{d}{W}}{}_{c} = {}_{d}\overset{a}{\underset{c}{W}}{}_{b} = {}_{c}\overset{b}{\underset{d}{W}}{}_{a} = {}_{a}\overset{d}{\underset{b}{W}}{}_{c} \tag{4.2}$$

いま示した対称性は、角転送行列を導入するのに必須ではないけれども、対称性を仮定しておくと以下の説明が少しだけ単純なものになる。

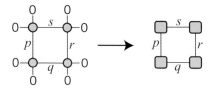

　前章の式 (3.2) では、上図左のダイアグラムで表される縮約を考えた。外周を囲む脚は値が 0 に固定されていて、テンソル間を結ぶ脚 p, q, r, s について和を取るのであった。値が 0 の脚を**省略して描く**と、上図右のように少しスッキリとした見かけのダイアグラムとなる。縮約を表す式からも、同じように 0 を省略していこう。まずは 4 脚テンソル ${}_{0}\overset{p}{\underset{0}{W}}{}_{q}$ を

$$W0\,\substack{p\\ \\0}\,q = C_{pq} \tag{4.3}$$

と略記してみよう。右辺の 2 脚テンソル C_{pq} の値は、式 (4.1) を見れば

$$C_{01} = C_{10} = 1\,, \quad C_{00} = C_{11} = 0 \tag{4.4}$$

であることがわかる。この略記をダイアグラムにも反映しておく。

4 脚テンソル W には、式 (4.2) で示したように脚を入れ換える対称性があるので、式 (4.4) で与えられる 2 脚テンソルを使えばそれぞれ

$$W q\,\substack{r\\ \\0}\,0 = C_{qr}\,, \quad W s\,\substack{0\\ \\r}\,0 = C_{rs}\,, \quad W0\,\substack{0\\ \\p}\,s = C_{sp} \tag{4.5}$$

という略記が可能になる。$C_{pq}, C_{qr}, C_{rs}, C_{sp}$ は脚を表す文字が異なるだけで、2 脚テンソルとしては同じものだ。脚の対応を確認しておこう。

前ページに示したダイアグラムは式 (3.2) の縮約に対応していて、式 (4.3) と式 (4.5) で導入した略記を使えば次のように短く表せる。

$$c = \sum_{pqrs} C_{pq}\, C_{qr}\, C_{rs}\, C_{sp} \tag{4.6}$$

値が 0 ではない項を探すと、$C_{10}\, C_{01}\, C_{10}\, C_{01} = 1$ と $C_{01}\, C_{10}\, C_{01}\, C_{10} = 1$ のみであることが容易に確認でき、結果として $c = 2$ を得る。この縮約では、2 脚テンソル C が**行列としての**働きを持っていて、

$$c = \mathrm{Tr}\,[\,C\,]^4 \tag{4.7}$$

と**トレース記号** Tr で縮約を示せる。次節で議論するように、式 (4.3) の C は**角転送行列**の最も単純な例となっている。

4.1　4 分の 1

　今度は下図左のように 16 個の 4 脚テンソルが縦横に並んでいる縮約を考えよう。例によって周囲の脚は 0 に固定され、丸印のテンソル間を結ぶ線がそれぞれの縮約を表している。全体を 4 分割した場合の、左下の部分を点線で囲って示した。この領域を抜き出したものが下図中央だ。そして、

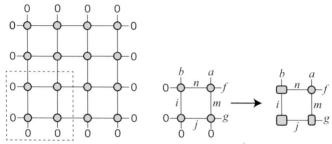

上図右のようにダイアグラムを簡素に描こう。$W0{}^{i}_{0}{}j$ は式 (4.3) のとおり C_{ij} と表せる。$Wj{}^{m}_{0}{}g$ は式 (3.4) の書き方を借りて P^{m}_{jg} と表そう。(但し、文字は P に変更した。) $W0{}^{b}_{i}{}n$ には式 (3.9) のような記号 $L{}^{b}_{i}{}n$ も使えるのだけれども、式 (4.2) で示した W の対称性を積極的に使って、これも P^{n}_{bi} で表そう。P^{m}_{jg} や P^{n}_{bi} で、値が 0 ではないものは

$$P^{0}_{10} = P^{1}_{00} = P^{0}_{01} = 1 \tag{4.8}$$

だけである。さて、抜き出した点線の部分は i, j, m, n による部分和

$$C'_{(ab)(fg)} = \sum_{ijmn} P^{n}_{bi}\, C_{ij}\, P^{m}_{jg}\, Wn{}^{a}_{m}{}f \tag{4.9}$$

に対応している。右辺で値が 0 ではない項を図示してみよう。

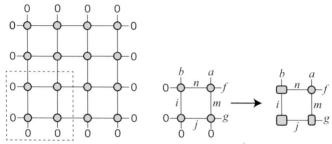

この 6 項から式 (4.9) の部分和を、次のように求めることができる。

$$C'_{(10)(01)} = 1, \quad C'_{(00)(11)} = 1,$$
$$C'_{(01)(10)} = 1, \quad C'_{(11)(00)} = 1, \quad C'_{(00)(00)} = 2 \tag{4.10}$$

式 (4.9) 左辺の $C'_{(ab)(fg)}$ は、上に伸びる脚 a と b から右に伸びる脚 f と g へと、**角を回る**向きへの転送行列とも考えられる。

- この幾何学的な特徴から、$C'_{(ab)(fg)}$ は**角転送行列**と呼ばれる。

全体の 4 分の 1 を占めることから、角転送行列は Quadrant$\overset{4\,分の\,1}{}$ とも言い表される。式 (4.9) 右辺の C_{ij} もまた、ひとまわり小さな角転送行列だ。

ここで、角転送行列 $C'_{(ab)(fg)}$ を 2 つ並べて縮約を取ってみよう。

$$\Psi_{(ab)(st)} = \sum_{fg} C'_{(ab)(fg)}\, C'_{(fg)(st)} \tag{4.11}$$

この式は行列の掛け算の形をしていて、$\Psi = C'^2$ とも表せる。また、$C'_{(ab)(fg)}$ を 4 脚テンソルと考えて右辺の縮約をダイアグラムで描くと、$\Psi_{(ab)(st)}$ が全体の下半分に対応していることがわかる。

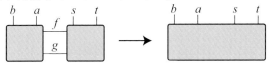

この部分和も、式 (4.10) を使えば簡単に求められる。

$$\begin{aligned}
\Psi_{(10)(10)} &= C'_{(10)(01)}\, C'_{(01)(10)} = 1\,,\\
\Psi_{(01)(01)} &= C'_{(01)(10)}\, C'_{(10)(01)} = 1\,,\\
\Psi_{(11)(00)} &= C'_{(11)(00)}\, C'_{(00)(00)} = 2\,,\\
\Psi_{(00)(11)} &= C'_{(00)(00)}\, C'_{(00)(11)} = 2\,,\\
\Psi_{(11)(11)} &= C'_{(11)(00)}\, C'_{(00)(11)} = 1\,,\\
\Psi_{(00)(00)} &= C'_{(00)(11)}\, C'_{(11)(00)} + C'_{(00)(00)}\, C'_{(00)(00)} = 5
\end{aligned} \tag{4.12}$$

式 (4.2) の対称性から、$\Psi_{(ab)(st)}$ が**全体の上半分**に対応しているとも考えられる。下半分と上半分について部分和が求められたので、脚の順番に注意しつつ上下の間で縮約を取れば、この節の最初に考えた縮約を

$$c' = \sum_{abst} \Psi_{(ab)(st)}\, \Psi_{(st)(ab)} = \mathrm{Tr}\, \left[\, C'\,\right]^4 \tag{4.13}$$

と、式 (4.7) と同様に角転送行列の 4 乗のトレースで表せる。

宿題: $c = 1 + 1 + 4 + 4 + 1 + 25 = 36$ を確認しなさい。

4.2 次々と拡大する

4 脚テンソルが $2 \times 2 = 4$ 個の縮約は $c = 2$、$4 \times 4 = 16$ 個の縮約は $c' = 36$ を与えた。6×6 の場合は? この辺りからは計算機の助けを借りることになる。部分和を考える領域が大きくなるほど表記する脚の数が多くなるので、**まとめ書き**を導入しよう。まず $C'_{(ab)(fg)}$ の脚は

$$\mu = 2a + b, \qquad \nu = 2f + g \tag{4.14}$$

と、0 から 3 までの値を取る新しい脚に置き換えて $C'_{\mu\nu}$ と書こう。下図のように、ダイアグラム上ではまとめた脚を太線で表すことにする。

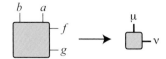

$C'_{\mu\nu}$ と縮約を取る相手として、3 脚テンソル P を「伸ばした」もの

$$P'^{\,d}_{(fg)(xy)} = \sum_m P^m_{gy} \, Wf^{\,d}_{\,m}x \ = P'^{\,d}_{\nu\rho} \tag{4.15}$$

も作っておこう。但し $\rho = 2x + y$ で、足の配置は下図のとおりである。

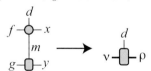

前章の式 (3.13) でも同じように伸ばし、式 (3.14) で脚をまとめたことを覚えているだろうか? 以上で求めた $C'_{\mu\nu}$ と $P'^{\,d}_{\nu\rho}$ を組み合わせると、下図のように大きさが 3×3 の少し広い領域に対応する部分和を描ける。

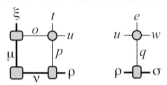

対応する縮約の数式は、式 (4.9) とよく似た形のものとなる。

$$C''_{(t\xi)(u\rho)} = \sum_{\mu\nu op} P^o_{\xi\mu} \, C'_{\mu\nu} \, P^p_{\nu\rho} \, Wo^{\,t}_{\,p}u \ = C''_{\chi\tau} \tag{4.16}$$

但し $\chi = 4t + \xi$ および $\tau = 4u + \rho$ と、0 から 7 までの値を取るまとめた脚を導入した。そして、6×6 の場合の縮約を $c'' = \mathrm{Tr}\,[C'']^4$ と、式 (4.7) や式 (4.13) を受け継いだ形で表せる。この値がいくらであるかの計算は **宿題** にしておこう。

角転送行列を C_{ij}, $C'_{\mu\nu}$, $C''_{\chi\tau}$ とダッシュ記号で表すには限度がある。そこで、対応する領域の大きさを肩に明記して

$$C^{(1)}_{ij} = C_{ij}, \qquad C^{(2)}_{\mu\nu} = C'_{\mu\nu}, \qquad C^{(3)}_{\chi\tau} = C''_{\chi\tau}, \cdots \qquad (4.17)$$

という記号で示してみよう。同様に $P^{(1)} = P$, $P^{(2)} = P'$, $P^{(3)} = P''$, $\cdots$ と、拡大に使うテンソルの方も「長さ」を肩に明記する。$P^{(n)}$ が手元にあれば、つまり計算機の中に持っていれば、式 (4.15) と同じように W との縮約を取って $P^{(n+1)}$ を作ることが可能だ。このように脚の配置が「わかり切っている」場合には、式の上でも省略してしまって

$$P^{(n+1)} = P^{(n)} \cdot W \qquad (4.18)$$

と書き表すこともある。ドット記号 $\cdot$ で縮約の気分 (?) を出しているつもりだ。対応するダイアグラムを下図右に示そう。

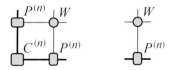

一方で、$C^{(n)}$ と $P^{(n)}$ が手元にあれば上図左に示したとおり、式 (4.16) と同様の縮約を通じて $C^{(n+1)}$ を作れる。これもまた

$$C^{(n+1)} = \left(P^{(n)}\, C^{(n)}\, P^{(n)} \right) \cdot W = \left(P^{(n)}\, C^{(n)} \right) \cdot P^{(n+1)} \qquad (4.19)$$

と略記できる。カッコでくくった部分は、適当に文字を選んで脚を表すと $P^{(n)}{}^{o}_{\xi\mu}\, C^{(n)}_{\mu\nu}\, P^{(n)}{}^{p}_{\nu\rho}$ および $P^{(n)}{}^{o}_{\xi\mu}\, C^{(n)}_{\mu\nu}$ となり、μ と ν については行列の積のような計算になっている。実際に $C^{(n+1)}$ を数値計算で求める際には、まず $C^{(n)}_{\mu\nu}$ と $P^{(n)}$ の間で部分和を作っておき、その後で $P^{(n+1)}$ と縮約を取るのが計算量を抑えた手順となる。(より良い手順があるかもしれない。) こうして、**領域の拡大**は**再帰的に**整然と行えるのだ。

宿題: $P^{(n)}$ と $C^{(n)}$ を $n = 1$ から順番に求めて、縮約 $c^{(n)} = \mathrm{Tr}\left[C^{(n)}\right]^4$ の値を得るプログラムを組みなさい。$P^{(n+1)}$ や $C^{(n+1)}$ を求めたら、その時点で $P^{(n)}$ と $C^{(n)}$ は不要になるので、捨てても良いことにも注意。

これは、計算機プログラムに心得がある方に向けた、簡単な? 宿題である。式 (4.18) と式 (4.19) を繰り返し使い、角転送行列 $C^{(n)}$ を $n = 1$ から順に求めると良い。その 4 乗のトレース $c^{(n)} = \mathrm{Tr}\left[C^{(n)}\right]^4$ は、正方形に並ぶ $2n \times 2n = 4n^2$ 個のテンソルの縮約でもある。計算機に記憶できる容量には限りがあるので、$c^{(n)}$ を簡単に求められるのは $n = 10$ くらいまでだろうか。大規模な計算機を持ち出しても、$n = 20$ は厳しいだろう。限界があるにしても、角転送行列を使うことで計算量を大きく抑えられるのだ。

理由はともかくとして、$c^{(n)}$ は $4n^2$ に対し、おおよそ指数的に増えていくことが知られている。このように大きな桁数の数を扱う際には、

- **正確な値**は必要なく、**おおよその値**がわかれば充分である

ということも珍しくない。$c^{(n)}$ について、比較的精密な近似で満足できるならば、さらに大きな n まで計算を進める余地がある。この先の工夫が角転送行列を使った数値計算の美しい部分なのだけれども、ここで集中力が切れてしまっては本末転倒なので、章を改めて解説しよう。(6 章)

【数値計算から生まれた角転送行列】 章の冒頭で紹介したように、角転送行列は "ダイマー" の並べ方を数え上げる手段として Baxter が提唱したものだ。数値計算のために、テンソルを組み合わせて角転送行列が構築された経緯に注目すると、計算が実行された (であろう) 1967 年頃にテンソルネットワークを使ったデータサイエンス (?) が始まったとも言える。使われた計算機は IBM の System/360 で、**磁気コアメモリ**で実装された主記憶装置は多くても数メガバイト程度という、現在の視点で表現するならばとても小規模なものであった。Baxter はその後、角転送行列を解析的な手法としても発展させた。以下で紹介していくテンソルネットワークのさまざまな形式もまた、数学的な研究手段として長い発展の道を歩んでいくのかもしれない。

第 **5** 章　　**特異値分解とエンタングルメント**

テンソルネットワーク形式でよく使われる道具の 1 つが、線形代数で習う (かもしれない) **特異値分解** (Singular Value Decomposition, **SVD**) である。要素が A_{ij} で表される m 行 n 列の行列 A を考えよう。一般に A は長方形行列であり、m と n は異なっていて良い。後で量子力学系にも触れるので A が複素行列である場合を考える。A のエルミート共役 A^* は n 行 m 列となる。m と n のうち小さい方の値を $s = \min(m, n)$ で表そう。

特異値分解

A は、(後で示す) **直交性**を満たす m 行 s 列の U と n 行 s 列の V、そして要素が全て非負である s 行 s 列の**対角行列** D を使って

$$A = UDV^* \tag{5.1}$$

と**特異値分解**できる。下図左は $m \leq n$ の場合、下図右は $m \geq n$ の場合について、行列の大きさを図示したものだ。V^* は正方または横長の行列なので、V は正方または縦長の行列となる。(D には対角な点線を描いた。)

$$\boxed{A} = \boxed{U}\ \boxed{D}\ \boxed{V^*} \qquad \boxed{A} = \boxed{U}\ \boxed{D}\ \boxed{V^*}$$

特異値と呼ばれる D の**対角要素**を $D_k \geq 0$ で表すと、式 (5.1) は

$$A_{ij} = \sum_{k=1}^{s}\sum_{\ell=1}^{s} U_{ik}\left(D_k\delta_{k\ell}\right)V_{j\ell}^{\ *} = \sum_{k=1}^{s} U_{ik}D_k V_{jk}^{\ *} \tag{5.2}$$

と要素でも表せる。但し $V_{jk}^{\ *}$ は V_{jk} の複素共役である。また、しばらくの間、行列の脚が 1 から始まる数え方をしよう。ダイアグラムで描くと、

$$i\!-\!\!\bigcirc\!\!\!A\!\!-\!j \quad = \quad i\!-\!\!U\!\!\overset{k}{-}\!\!\bullet\!\!-\!\!V\!\!-\!j$$
$$D$$

という図形になる。(図中の V に共役を表す ∗ 印を付けて描くこともある。) 黒丸は D の対角要素 D_k を表している。U と V はそれぞれ

$$\sum_{i=1}^{m} U_{ik}^{\ *}U_{ik'} = \delta_{kk'} \qquad \text{および} \qquad \sum_{j=1}^{n} V_{jk}^{\ *}V_{jk'} = \delta_{kk'} \tag{5.3}$$

と列ベクトルが互いに直交していて、**一般化されたユニタリー行列**と呼ばれる。クロネッカーのデルタ $\delta_{kk'}$ を一本線で描くと、U の直交関係は

$$k - U - i - U - k' \quad = \quad \overline{\quad k \quad}$$

とダイアグラム表記できる。V についても同様である。式 (5.1) の成立を認めるならば、AA^* と A^*A はそれぞれ

$$AA^* = UDV^*VDU^* = UD^2U^*$$
$$A^*A = VDU^*UDV^* = VD^2V^* \tag{5.4}$$

と表せることになる。この形を頭の片隅に置いて、以下を読み進もう。

線形代数の復習

　どんな行列でも特異値分解できると言われても、信じ難いかもしれないので、少し補足しておこう。AA^* は m 次元のエルミート行列なので**対角化**できる。k 番目の**規格化された**固有ベクトルを $\boldsymbol{u}_k$ と書くと、

$$AA^*\boldsymbol{u}_k = \lambda_k\boldsymbol{u}_k \tag{5.5}$$

が成立する。λ_k は**固有値**で、固有ベクトル $\boldsymbol{u}_k$ は互いに直交している。両辺と $\boldsymbol{u}_\ell$ の内積を取る、つまり $\boldsymbol{u}_\ell{}^*$ を両辺の左に置くと

$$\boldsymbol{u}_\ell{}^*AA^*\boldsymbol{u}_k = \boldsymbol{u}_\ell{}^*\lambda_k\boldsymbol{u}_k = \delta_{\ell k}\lambda_k \tag{5.6}$$

を得る。また、$k = \ell$ の場合には

$$\boldsymbol{u}_k{}^*AA^*\boldsymbol{u}_k = |A^*\boldsymbol{u}_k|^2 \geq 0 \tag{5.7}$$

が成立するので $\lambda_k \geq 0$ である。λ_k が 0 ではない $\boldsymbol{u}_k$ を使って、

$$\boldsymbol{v}_k = (\lambda_k)^{-1/2}A^*\boldsymbol{u}_k \tag{5.8}$$

という n 次元のベクトルを定義すると、式 (5.5) を使って

$$\boldsymbol{v}_\ell{}^*\boldsymbol{v}_k = (\lambda_\ell\lambda_k)^{-1/2}\boldsymbol{u}_\ell{}^*AA^*\boldsymbol{u}_k = (\lambda_\ell\lambda_k)^{-1/2}\boldsymbol{u}_\ell{}^*(AA^*\boldsymbol{u}_k)$$
$$= (\lambda_\ell)^{-1/2}(\lambda_k)^{1/2}\boldsymbol{u}_\ell{}^*\boldsymbol{u}_k = \delta_{\ell k} \tag{5.9}$$

が確認できるので、$\boldsymbol{v}_k$ は互いに**規格直交**である。また、

$$A^*A\,\boldsymbol{v}_k = (\lambda_k)^{-1/2}\,A^*AA^*\boldsymbol{u}_k = (\lambda_k)^{1/2}\,A^*\boldsymbol{u}_k = \lambda_k\boldsymbol{v}_k \tag{5.10}$$

が成立するので、$\boldsymbol{v}_k$ は n 次元のエルミート行列 A^*A の固有ベクトルになっている。左から A を作用させると

$$A\,\boldsymbol{v}_k = (\lambda_k)^{-1/2}\,AA^*\boldsymbol{u}_k = (\lambda_k)^{1/2}\,\boldsymbol{u}_k \tag{5.11}$$

を得るので、

$$\boldsymbol{u}_\ell^* A\,\boldsymbol{v}_k = \boldsymbol{u}_\ell^*\,(\lambda_k)^{1/2}\,\boldsymbol{u}_k = \delta_{\ell k}\,(\lambda_k)^{1/2} \tag{5.12}$$

を得る。この関係式は、行列 A が次のように分解できることを示している。

$$A = \sum_{k=1}^{\sigma}\,(\lambda_k)^{1/2}\,\boldsymbol{u}_k\boldsymbol{v}_k^{\,*} \tag{5.13}$$

但し σ は 0 ではない λ_k の個数だ。これが特異値分解の本質的な部分で、特異値 D_k が $(\lambda_k)^{1/2}$ であることも読み取れるだろう。冒頭の式 (5.1) では $\lambda_k = 0$ の場合も含めて、式 (5.13) の和の上限を $s = \min(m,n)$ まで拡大してある。また、式 (5.1) に現れる U や V は

$$U = [\boldsymbol{u}_1, \boldsymbol{u}_2, \cdots, \boldsymbol{u}_s]\,, \qquad V = [\boldsymbol{v}_1, \boldsymbol{v}_2, \cdots, \boldsymbol{v}_s] \tag{5.14}$$

と規格直交なベクトルを並べたものとなっている。$\boldsymbol{u}_{\sigma+1}$ から $\boldsymbol{u}_s$ までの**基底ベクトル**は、$\boldsymbol{u}_1$ から $\boldsymbol{u}_\sigma$ までと直交するものを適当に選んだものだ。$\boldsymbol{v}_{\sigma+1}$ から $\boldsymbol{v}_s$ までについても同様に、$\boldsymbol{v}_1$ から $\boldsymbol{v}_\sigma$ までと直交するものを選んで埋めてある。（従って、埋める部分の基底の選び方には任意性がある。）特異値分解の行列のサイズを示す図に、これらのベクトルが占める領域を、短冊形で書き加えておこう。

対角化との違い

特異値分解と、対角化による行列の**相似変換**は、異なるものだ。例えば行列 $A = \begin{pmatrix} 0 & 1 \\ 1 & 0 \end{pmatrix}$ は、直交行列 $U = \begin{pmatrix} 1/\sqrt{2} & 1/\sqrt{2} \\ 1/\sqrt{2} & -1/\sqrt{2} \end{pmatrix}$ による相似変換を使って対角行列 $\Lambda = \begin{pmatrix} 1 & 0 \\ 0 & -1 \end{pmatrix}$ へと変形できるので、

$$
\begin{aligned}
A &= U\Lambda U^T \\
&= \begin{pmatrix} 1/\sqrt{2} & 1/\sqrt{2} \\ 1/\sqrt{2} & -1/\sqrt{2} \end{pmatrix} \begin{pmatrix} 1 & 0 \\ 0 & -1 \end{pmatrix} \begin{pmatrix} 1/\sqrt{2} & 1/\sqrt{2} \\ 1/\sqrt{2} & -1/\sqrt{2} \end{pmatrix}
\end{aligned} \tag{5.15}
$$

という関係が成り立っている。U が実行列なので、エルミート共役 U^* は転置 U^T で表した。この例では珍しく $U = U^T$ となっているけれども、一般的に U と U^T は異なる行列だ。行列 Λ は負の対角要素を持つので、明らかに式 (5.15) は特異値分解ではない。

U の 2 番目の列ベクトルの符号を反転した $V = \begin{pmatrix} 1/\sqrt{2} & -1/\sqrt{2} \\ 1/\sqrt{2} & 1/\sqrt{2} \end{pmatrix}$ は直交行列で、これを使うと A の特異値分解

$$
\begin{aligned}
A &= UDV^T \\
&= \begin{pmatrix} 1/\sqrt{2} & 1/\sqrt{2} \\ 1/\sqrt{2} & -1/\sqrt{2} \end{pmatrix} \begin{pmatrix} 1 & 0 \\ 0 & 1 \end{pmatrix} \begin{pmatrix} 1/\sqrt{2} & 1/\sqrt{2} \\ -1/\sqrt{2} & 1/\sqrt{2} \end{pmatrix}
\end{aligned} \tag{5.16}
$$

を得る。但し、$D = \begin{pmatrix} 1 & 0 \\ 0 & 1 \end{pmatrix}$ は特異値 $D_1 = D_2 = 1$ を対角要素に持つ行列である。この例では特異値が (**縮退**していて) 同じ値なので、任意のユニタリー行列 Q により $U' = UQ$ と $V' = VQ$ を作れば、$QD = Q$ より

$$
U'DV'^* = UQDQ^*V^T = UQQ^*V^T = UDV^T = A \tag{5.17}
$$

と、式 (5.12) とは異なる形で特異値分解できる。なお、値が 0 の特異値が複数個ある場合には、それらに対応する U や V の**部分空間**を再直交化することにより、異なる特異値分解を構成できる。

　特異値分解にはいろいろな使い道がある。テンソルネットワークへの応用は次章から紹介していくので、まずはちょっと意外な用法から。5 つの行列の積 $ABCDE$ を数値計算で求める過程を追ってみる。式 (2.10) で示したように $AB = F$，$FC = G$，$GD = H$，$HE = L$ と左から順番に積を取って求めた L と、右から順番に $DE = Q$，$CQ = R$，$BR = S$，$AS = L'$ と求めた L' は、**数値誤差の蓄積** が原因で大きく異なることがある。積 AB の **浮動小数点形式** による数値計算を例に取ると、要素を求める際に

$$F_{ij} = A_{i1}B_{1j} + A_{i2}B_{2j} + A_{i3}B_{3j} + \cdots \tag{5.18}$$

と **加算** を行うので、右辺の中に絶対値が飛び抜けて大きな項があると **桁落ち誤差** が発生してしまうのだ。そこで、先立って A と B の特異値分解

$$A = U^A D^A V^{A*}, \quad B = U^B D^B V^{B*} \tag{5.19}$$

を求めておく。上式で、それぞれ右辺から左辺を求める **検算** を数値的に行なってみると、特異値分解の **誤差** は無視し得ることがわかるだろう。

　$AB = U^A D^A V^{A*} U^B D^B V^{B*}$ の計算では、[1] まずユニタリー行列の積 $M = V^{A*}U^B$ を求めた後に、[2] 左右から特異値をかけて $X = D^A M D^B$ を作り、[3] これを $X = U^X D^X V^{X*}$ と特異値分解する。[4] 積 $U^A U^X = U^F$ と $V^{X*}V^{B*} = V^{F*}$ はともにユニタリー行列なので

$$AB = \left(U^A U^X\right) D^X \left(V^{X*} V^{B*}\right) = U^F D^X V^{F*} \tag{5.20}$$

が得られ、D^X を D^F と書き改めると $AB = F$ の特異値分解 $U^F D^F V^{F*}$ となっている。過程 [1]-[4] のどの段階でも、大きな絶対値の項が相殺するような加算は行われず、桁落ち誤差を小さく抑えられる。

　続いて行う積 $FC = G$ の計算もまた、まず C を $U^C D^C V^{C*}$ と特異値分解しておき、上述の過程 [1]-[4] と同様に進めていく。… 次の $GD = H$ も同様だ。最終的には、$L = ABCDE$ が $U^L D^L V^{L*}$ と特異値分解された形で求められるのだ。このような計算が「安定して」行える主な理由は、「大きな特異値」と「小さな特異値」を混ぜない形になっていることと、ユニタリー行列の作用が精密に実行可能であることである。

5.1 行列の低ランク近似

m 行 n 列の行列 A を UDV^* と特異値分解して扱う際に、

$$D_1 \geq D_2 \geq D_3 \geq \cdots \geq D_s \geq 0 \qquad (5.21)$$

と特異値を**大きな順**に並べることにしよう。A が**ランク落ち**していれば、とある σ 番目より後の特異値 $D_{k>\sigma}$ が 0 となり、$A_{ij} = \sum_{k=1}^{s} U_{ik} D_k V_{jk}^*$ の右辺では $k > \sigma$ の項が全て 0 となる。そのような「0 の足し算」は、実際的な数値計算では全て無視できる。

特異値 D_k が k とともに 0 へと速やかに減衰していき、とある χ 番目より後の特異値 $D_{k>\chi}$ が非常に小さいことが、よくある。この状況下では、D_1 から D_χ までを取り扱い、$D_{\chi+1}$ から D_s までを無視した

$$\bar{A} = \sum_{k=1}^{\chi} U_{ik} D_k V_{jk}^* \qquad (5.22)$$

が A の良い近似として数値計算に使え、**低ランク近似** と呼ばれる。（テンソルネットワーク形式では「定番の近似」だ。）**近似の誤差**は、例えば

$$\varepsilon = || A - \bar{A} ||^2 = \sum_{ij} | A_{ij} - \bar{A}_{ij} |^2 \qquad (5.23)$$

などを使って評価できる。右辺に現れる $A_{ij} - \bar{A}_{ij}$ は

$$A_{ij} - \bar{A}_{ij} = \sum_{k=1}^{s} U_{ik} D_k V_{jk}^* - \sum_{k=1}^{\chi} U_{ik} D_k V_{jk}^* = \sum_{k=\chi+1}^{s} U_{ik} D_k V_{jk}^* \quad (5.24)$$

と表されるので、U や V の直交性を使って計算を進めると

$$\varepsilon = \sum_{ij} \sum_{\ell=\chi+1}^{s} U_{i\ell}^* D_\ell V_{j\ell} \sum_{k=\chi+1}^{s} U_{ik} D_k V_{jk}^* \qquad (5.25)$$

$$= \sum_{\ell=\chi+1}^{s} D_\ell \sum_{k=\chi+1}^{s} D_k \sum_i U_{i\ell}^* U_{ik} \sum_j V_{j\ell} V_{jk}^* = \sum_{k=\chi+1}^{s} (D_k)^2$$

と、無視した特異値の 2 乗の和を得る。この ε （や平方根 $\sqrt{\varepsilon}$ など）が小さいほど、低ランク近似 $\bar{A}$ が「良い近似である」と考えられるのだ。

微小変化

　ランクが χ の行列をいろいろと探し回って、式 (5.22) で与えた $\bar{A}$ よりも A に近い、**2 乗誤差** ε がより小さいものは得られるだろうか? まずは V の要素を少しだけ変化させた $V + \delta V$ を使った近似

$$\bar{A}'_{ij} = \sum_{k=1}^{\chi} U_{ik} D_k \left(V_{jk}^* + \delta V_{jk}^* \right) \tag{5.26}$$

を考えてみよう。行列要素の差を取ったものは式 (5.24) から少し変化して

$$A_{ij} - \bar{A}'_{ij} = \sum_{k=\chi+1}^{s} U_{ik} D_k V_{jk}^* - \sum_{k=1}^{\chi} U_{ik} D_k \delta V_{jk}^* \tag{5.27}$$

となる。右辺第 1 項と第 2 項で、和を取る脚 k の範囲が重なっていないことに注意しよう。2 乗誤差 $||A - \bar{A}'||^2$ のうち、右辺第 1 項同士の積は式 (5.25) で求めた $\displaystyle\sum_{k=\chi+1}^{s} (D_k)^2$ を与える。第 1 項と第 2 項の積は

$$\sum_{ij} \sum_{\ell=\chi+1}^{s} U_{i\ell}^* D_\ell V_{j\ell} \sum_{k=1}^{\chi} U_{ik} D_k \delta V_{jk}^* \quad + \quad 複素共役 \tag{5.28}$$

という形になっている。ℓ と k が等しい場合はないことから、脚 i による和を取ると U の直交性より、これらの寄与は 0 であることがわかる。最後に、第 2 項同士の積からは

$$\sum_{ij} \sum_{\ell=1}^{\chi} U_{i\ell}^* D_\ell \delta V_{j\ell} \sum_{k=1}^{\chi} U_{ik} D_k \delta V_{jk}^* = \sum_j \sum_{k=1}^{\chi} (D_k)^2 \left| \delta V_{jk} \right|^2 \tag{5.29}$$

が得られて、δV の 2 次の微少量だけれども、ともかく正である。従って、式 (5.22) で与えられる $\bar{A}$ からの変化は、2 乗誤差 ε を増加させる。U の微小な変化についても同様である。特異値を微小に変化させる

$$\bar{A}''_{ij} = \sum_{k=1}^{\chi} U_{ik} \left(D_k + \delta D_k \right) V_{jk}^* \tag{5.30}$$

場合も同様に、ε が増加してしまうことが示せる。（証明は宿題にしよう。）このように、特異値分解を経た低ランク近似である式 (5.22) は、少なくとも局所的には最も元の A に近いものである。この事実は、特異値分解が数値計算的に安定して行える理由の 1 つである。

5.2 エンタングルメント

特異値分解が物理現象に関係する最も端的な例として、**エンタングルメント** (entanglement) について概説しよう。量子力学の予備知識がない方も、とりあえず文章だけでも斜め読みすれば、雰囲気をつかめるだろう。

量子力学的な物理系の代表例として、上図のように**量子スピン**が並んだものを考える。数式が簡単に書けるよう原子が 6 個並んでいる場合を想定して、それぞれの**スピン磁気モーメント**の向きが**上向き** (up) である状態を 0 で、**下向き** (down) である状態を 1 で表す。左から右へ、変数 $a, b, c, d, e, f \ (= 0, 1)$ を割り当てよう。量子力学的な状態は一般に、**重ね合わせ**で表現される。この例では（波っぽくない）**波動関数** Ψ_{abcdef} を使って

$$|\Psi\rangle = \sum_{abcdef=0,1} \Psi_{abcdef} |abcdef\rangle \tag{5.31}$$

と、$|000000\rangle$ から $|111111\rangle$ まで 64 個の**線形結合**で状態を表記できる。Ψ_{abcdef} を 6 脚テンソルとみなして、ダイアグラムに描いておこう。

さてここで、左から 2 個のスピン a, b を含む**部分系** A と、残りの $c, d,$ e, f を含む部分系 B へと、系を **2 分割**して考えてみよう。対応する脚の**まとめ書き** $i = 2a + b$ と $j = 8c + 4d + 2e + f$ を導入して、式 (5.31) を

$$|\Psi\rangle = \sum_{i=0}^{3} \sum_{j=0}^{15} \Psi_{ij} |i\rangle_{\mathrm{A}} |j\rangle_{\mathrm{B}} \tag{5.32}$$

と書き直すと、4 行 16 列の複素行列 Ψ_{ij} で重ね合わせ $|\Psi\rangle$ を表現した形となる。$|i\rangle_{\mathrm{A}}$ は部分系 A について $|0\rangle_{\mathrm{A}}$, $|1\rangle_{\mathrm{A}}$, $|2\rangle_{\mathrm{A}}$, $|3\rangle_{\mathrm{A}}$ の 4 状態を表す**ケット**で、同様に $|j\rangle_{\mathrm{B}}$ は部分系 B の 16 状態を表すケットだ。こ

こで（脚を 0 から数える）特異値分解 $\Psi_{ij} = \sum_{\xi=0}^{3} U_{i\xi} D_\xi V_{j\xi}^*$ を代入すると、

$$|\Psi\rangle = \sum_i \sum_j \sum_\xi U_{i\xi} D_\xi V_{j\xi}^* |i\rangle_{\mathrm{A}} |j\rangle_{\mathrm{B}} \tag{5.33}$$

となる。右辺で i や j についての和を先に取ると、**シュミット基底**

$$|\xi\rangle_{\mathrm{A}} = \sum_i U_{i\xi} |i\rangle_{\mathrm{A}}, \qquad |\xi\rangle_{\mathrm{B}} = \sum_j V_{j\xi}^* |j\rangle_{\mathrm{B}} \tag{5.34}$$

と呼ばれる**新たな直交基底**が得られて、$|\Psi\rangle$ は**シュミット分解**された形

$$|\Psi\rangle = \sum_\xi D_\xi \left[\sum_i U_{i\xi} |i\rangle_{\mathrm{A}} \right]\left[\sum_j V_{j\xi}^* |j\rangle_{\mathrm{B}} \right] = \sum_\xi D_\xi |\xi\rangle_{\mathrm{A}} |\xi\rangle_{\mathrm{B}} \tag{5.35}$$

へとさらに変形できる。式中の特異値 D_ξ は**シュミット係数**とも呼ばれる。

シュミット分解すると、状態 $|\Psi\rangle$ の物理的な性質が見やすくなる。例えば内積 $\langle\Psi|\Psi\rangle$ は、直交性 $_{\mathrm{A}}\langle\zeta|\xi\rangle_{\mathrm{A}} = \delta_{\zeta\xi}$ と $_{\mathrm{B}}\langle\zeta|\xi\rangle_{\mathrm{B}} = \delta_{\zeta\xi}$ を使って

$$\langle\Psi|\Psi\rangle = \sum_\zeta {}_{\mathrm{A}}\langle\zeta| {}_{\mathrm{B}}\langle\zeta| D_\zeta \sum_\xi D_\xi |\xi\rangle_{\mathrm{A}} |\xi\rangle_{\mathrm{B}} = \sum_\xi \left(D_\xi \right)^2 \tag{5.36}$$

と単純に書ける。以下では $|\Psi\rangle$ が規格化されている、つまり $\sum_\xi \left(D_\xi \right)^2 = 1$ が成立することを仮定して話を進めよう。

【エンタングルしている、していない】 D_0 だけが正の値を持ち、他のシュミット係数 D_1, D_2, $\cdots$ が 0 である場合、$|\Psi\rangle = D_0 |0\rangle_{\mathrm{A}} |0\rangle_{\mathrm{B}}$ と**直積**の形になっている。この場合、部分系 A と B は**エンタングルしていない**と言い表す慣習になっている。一方で、2 つ以上の D_ξ が 0 ではない場合、$|\Psi\rangle = \sum_\xi D_\xi |\xi\rangle_{\mathrm{A}} |\xi\rangle_{\mathrm{B}}$ は直積の形にはなっていない。この場合、部分系 A と B は**エンタングルしている**と言い表す。また、A と B の間に**エンタングルメント**が存在する、などとも表現する。

エンタングルメント・エントロピー

もう少しだけ量子力学の話を続けよう。部分系 A と B からなる全系が**純粋状態**であり、**密度演算子が** $\hat{\rho} = |\Psi\rangle\langle\Psi|$ であるとする。式 (5.35) のシュミット分解を代入すると、部分系 A の**密度副演算子**を

$$
\begin{aligned}
\hat{\rho}_{\mathrm{A}} &= \mathrm{Tr}_{\mathrm{B}}\,|\Psi\rangle\langle\Psi| = \sum_{\eta} {}_{\mathrm{B}}\langle\eta|\Big(|\Psi\rangle\langle\Psi|\Big)|\eta\rangle_{\mathrm{B}} \\
&= \sum_{\eta}\sum_{\xi} D_{\xi}\,|\xi\rangle_{\mathrm{A}}\,{}_{\mathrm{B}}\langle\eta|\xi\rangle_{\mathrm{B}} \sum_{\zeta} {}_{\mathrm{B}}\langle\zeta|\eta\rangle_{\mathrm{B}}\,{}_{\mathrm{A}}\langle\zeta|\,D_{\zeta} \\
&= \sum_{\eta} \left(D_{\eta}\right)^2 |\eta\rangle_{\mathrm{A}}\,{}_{\mathrm{A}}\langle\eta|
\end{aligned}
\tag{5.37}
$$

と、シュミット基底 $|\eta\rangle_{\mathrm{A}}$ によって**対角表現**できる。もし $|0\rangle_{\mathrm{A}}, |1\rangle_{\mathrm{A}}, |2\rangle_{\mathrm{A}}, |3\rangle_{\mathrm{A}}$ を区別する**量子測定** (射影測定) が可能であるならば、

$$
P_{\mathrm{A}}(\eta) = \left(D_{\eta}\right)^2
\tag{5.38}
$$

は $|\eta\rangle_{\mathrm{A}}$ を**見出す確率**となっている。（但し、未知の量子状態 $|\Psi\rangle$ に対して、このような量子測定を実行することは困難である。）

確率があれば、そこに**情報エントロピー**が潜んでいる。シャノンのエントロピー、あるいはフォンノイマンのエントロピーを $P_{\mathrm{A}}(\eta)$ に対して求めた

$$
S = -\sum_{\eta} P_{\mathrm{A}}(\eta)\,\log P_{\mathrm{A}}(\eta) = -\sum_{\eta} \left(D_{\eta}\right)^2 \log \left(D_{\eta}\right)^2
\tag{5.39}
$$

は、**エンタングルメント・エントロピー**と呼ばれている。対数の底は、工学系では 2 に、理学系では e に取ることが多い。（換算の問題にすぎない。）S はエンタングルメントの**強さ**を表す指標の 1 つで、$S = 0$ であれば部分系 A と B はエンタングルしていなくて、$S > 0$ であればエンタングルしている。この辺りをもう少し考えてみよう。

【数値的な特異値分解】 数値計算で行列の特異値分解を実行する場合、特段の理由がなければ LAPACK などの**数値計算ライブラリ**に収められている**特異値分解ルーチン** (関数) を使うのが無難だろう。特異値は、値が大きな順または小さな順の並びを指定できる。計算精度を特別に高めたいとか、**並列計算による高速化**を実装する際にはコードの自作も必要となる。

5.3 ペアを探す

エンタングルメントについての直感を養う目的 (?) で、波動関数 Ψ_{abcdef} がいくつかの部分の直積に分解できる場合を考えてみよう。例えば

$$\Psi_{abcdef} = \psi_{ae}\,\psi_{bd}\,\psi_{cf} \tag{5.40}$$

と、**ペア**を表す 2 脚テンソル ψ_{ae}, ψ_{bd}, ψ_{cf} の積で Ψ_{abcdef} が与えられる場合を考えてみる。下図は量子スピンを黒点で示し、ペアを線で結んで描いたものだ。

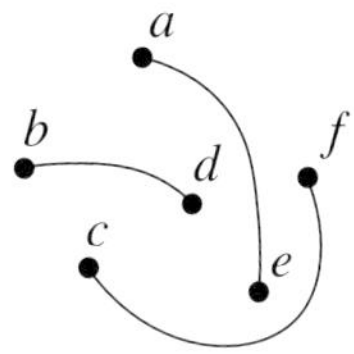

以下では、どのペアについても ψ の要素が次のとおり与えられるとしよう。

$$\psi_{00} = \psi_{11} = \frac{1}{\sqrt{2}}, \quad \psi_{01} = \psi_{10} = 0 \tag{5.41}$$

【ベル状態】 式 (5.41) で表されるペアの量子状態は次のようなものだ。

$$|\psi\rangle = \psi_{00}\,|00\rangle + \psi_{11}\,|11\rangle = \frac{1}{\sqrt{2}}\,|00\rangle + \frac{1}{\sqrt{2}}\,|11\rangle \tag{5.42}$$

これは**ベル状態** (Bell state) と呼ばれる、強くエンタングルした状態であり、Bell pair とか、entangled pair とも呼ばれる。式 (5.42) をよく眺めると、シュミット分解された形になっていることに気づく。シュミット係数 D_0 と D_1 はともに $1/\sqrt{2}$ であり、エンタングルメント・エントロピーは

$$S = -\left(\frac{1}{\sqrt{2}}\right)^2 \log\left(\frac{1}{\sqrt{2}}\right)^2 - \left(\frac{1}{\sqrt{2}}\right)^2 \log\left(\frac{1}{\sqrt{2}}\right)^2 = \log 2 \tag{5.43}$$

と求められる。

さて、式 (5.41) を式 (5.40) に代入すると、Ψ_{abcdef} のうち Ψ_{000000}, Ψ_{100010}, Ψ_{010100}, Ψ_{001001}, Ψ_{110110}, Ψ_{011101}, Ψ_{101011}, Ψ_{111111} は値が $2^{-3/2}$ で、他は 0 であることがわかる。ここで、**逆問題**を設定してみよう。Ψ_{abcdef} の $2^6 = 64$ 個の値のうち、上に示した 8 個だけが 0 でない値 $2^{-3/2}$ を持つと

いう情報から、6 個の脚 $a \sim f$ が、どのようにペアを組んでいるかを推定できるだろうか? この問いかけに対して、Roy らが文献 arXiv:2104.03645 で示した解決方法（隣接行列の推定法）を紹介しよう。

まず脚 $a \sim f$ を 2 つのグループ A と B に分けることを考える。それぞれの脚は A または B の、どちらかに入っている。但し、全ての脚が A に入っている、あるいは B に入っているのでは分割したことにならない。従って、**分け方**は全部で $2^5 - 1 = 31$ 個ある。3 個を抜き出して下図に示そう。

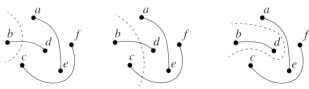

上図左は、脚を b と $acdef$ に分けた場合だ。$i = b$, $j = 16a + 8c + 4d + 2e + f$ と脚をまとめ書きして、式 (5.35) のようにシュミット分解すると、シュミット係数 $D_0 = D_1 = 1/\sqrt{2}$ を得る。また、この分割に対応するエンタングルメント・エントロピー S の値は、式 (5.43) で与えられる $\log 2$ になる。直感的には、Bell pair になっている b と d を、点線で描いた仕切りによって A と B に分けたので $\log 2$ が得られたと解釈できる。

上図中央のように分割すると、今度は仕切りが 2 個の Bell pair を横切っているので、$i = 2b + c$, $j = 8a + 4d + 2e + f$ とまとめ書きしてシュミット分解すると、$D_0 = D_1 = D_2 = D_3 = 1/2$ となり、$S = 2\log 2$ を得る。上図右のように分割すると、仕切りは Bell pair を横切らないので、$i = 2b + d$, $j = 8a + 4c + 2e + f$ とまとめ書きしてシュミット分解すると $D_0 = 1$, $D_1 = D_2 = D_3 = 0$ となり、$S = 0$ を得る。

上図右の例のように $S = 0$ となる分割が見つかれば、その分割に対して状態（を表す波動関数）は直積になっていることがわかる。31 個ある分割から、このように直積になる場合を全て洗い出せば、与えられた波動関数がどのような脚の組み合わせで 3 つの Bell pair の直積となっているか、判定できるわけだ。文献 arXiv:2104.03645 では**断層撮影**で行われるような**回帰分析**を導入して、より一般的な波動関数に対してその内部構造を「自動的に浮かび上がらせる」方法が提唱されている。

5.4 エリアルール

いま扱っている**スピン系**を含め、一般的に物理学で興味関心が持たれるのは**低エネルギー状態**であることが多い。正確さを気にしなければ、直感的には**低温の状態**と言い換えても良いだろう。これらは物理的に実現可能な状態のうちの、ごく一部分にすぎないけれども、それでも充分に普遍的かつ多彩であることは自然界を見渡すと実感できるものだ。

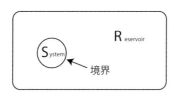

低エネルギーの量子状態、特に**基底状態**では、系を 2 分割する際の**境界の広さ**にエンタングルメント・エントロピー S が比例するという、**エリアルール**が良く成立することが知られている。上図では四角で示した系全体を、**部分系** S (System) と、それ以外の**リザーバー** R (Reserver) に分けて扱うことを模式的に描いた。両者を区切る境界 ∂S の広さは、考えている系の**空間次元**に関係している。スピンが一列に並んだような**1 次元的な系**では部分系 S が線分（または曲線）で表現され、リザーバー R との境界 ∂S は点状である。この場合、エンタングルメント・エントロピー S（←文字が斜体）は線分の長さによらず常に一定である。スピンが平面上で格子を組んだような**2 次元的な系**では S と R の境界 ∂S が円などの閉じた曲線となり、エンタングルメント・エントロピー S は周の長さに比例する。結晶のように**3 次元的な系**では境界 ∂S が球面など閉じた曲面となり、S は球の表面積に比例する。エリアルールが成立する状況ならば、テンソルネットワークを使って物理状態を効率的に表現できることが知られている。

以上の記述は、着目した物理系の**空間的な相関の距離**が部分系 S の大きさより充分に短い場合に成立するもので、相関距離が無限大となる**臨界系**では成立しない。この場合、部分系 S の体積（1 次元では長さ、2 次元では広さ）の対数を取ったもの程度まで S が大きくなる。また、低エネルギー状態を離れて、任意の量子状態を適当に持ってくると、S が体積そのものに（少なくとも確率的には）比例するようになる。量子系の話は一旦ここまでとしよう。

第6章　角転送行列繰り込み群

4 章で導入した**角転送行列**に対して特異値分解を使った**低ランク近似**を適用すると、「畳の敷き詰め方」の精密な概数を、かなり広い部屋まで求められる。特異値分解の実用例として、計算方法のアウトラインを紹介しよう。（やや数式が込み入っている部分もあるので、読めるところまで読んで、挫折しそうになったら次の章まで読み飛ばす方が良いだろう。）

4.2 節で紹介したように、一辺の長さが $2n$ の正方形の部屋に畳を敷き詰める「場合の数」$c^{(n)}$ は、部屋の 1/4 に対応する角転送行列 $C^{(n)}$ を使って $c^{(n)} = \mathrm{Tr}\left[C^{(n)}\right]^4$ と表せる。$C^{(n)}$ は対称行列であったので、

$$c^{(n)} = \mathrm{Tr}\left[C^{(n)}\, C^{(n)T} C^{(n)}\, C^{(n)T} \right] = \mathrm{Tr}\left[C^{(n)}\, C^{(n)T} \right]^2 \tag{6.1}$$

と、転置行列 $C^{(n)T}$ を含めた形で $c^{(n)}$ を表すことも可能だ。この形の式を使えば $C^{(n)}$ が対称行列ではない「長方形の部屋」での数え上げや、**異方性のある模型**の取り扱いが可能となる。式 (6.1) に実行列の特異値分解 $C^{(n)} = U^{(n)} D^{(n)} V^{(n)T}$ を代入すると、$U^{(n)}$ と $V^{(n)}$ の直交性を使って

$$c^{(n)} = \mathrm{Tr}\left[U^{(n)} D^{(n)} V^{(n)T} V^{(n)} D^{(n)} U^{(n)T} \right]^2 = \mathrm{Tr}\left[D^{(n)} \right]^4 \tag{6.2}$$

と式変形でき、$c^{(n)} = \sum_\eta \left(D_\eta^{(n)} \right)^4$ を得る。場合の数という整数が、負でない実数 $D_\eta^{(n)}$ を使って精密に表されている点が興味深い。

$C^{(n)}$ の行列次元が 2^n という n の指数関数であることは、数値計算で $c^{(n)}$ を求める際に問題となる。ある値より n が大きいと、行列要素を記憶できなくなるのだ。そこで、角転送行列に対して**自由度** χ の低ランク近似

$$\bar{C}_{\mu\nu}^{(n)} = \sum_{\eta=0}^{\chi-1} U_{\mu\eta}^{(n)} D_\eta^{(n)} V_{\nu\eta}^{(n)} \tag{6.3}$$

を導入してみよう。（脚 η は 0 から数えることにした。）対角行列 $D^{(n)}$ の χ 番目以降の対角要素 $D_{\eta \geq \chi}^{(n)}$ を 0 に置き換えた対角行列 $\bar{D}^{(n)}$ を導入すると、式 (6.3) は $\bar{C}^{(n)} = U^{(n)} \bar{D}^{(n)} V^{(n)T}$ と略記できる。この $\bar{C}^{(n)}$ を使って式

(6.2) のように計算を進めると

$$\bar{c}^{(n)} = \mathrm{Tr}\left[\, U^{(n)} \bar{D}^{(n)} V^{(n)^T} V^{(n)} \bar{D}^{(n)} U^{(n)^T} \right]^2 = \sum_{\eta=0}^{\chi-1} \left(D_\eta^{(n)} \right)^4 \qquad (6.4)$$

という $c^{(n)}$ の近似が得られる。(2^n より少ない) χ 個の項の和で、敷き詰め方の総数がおおよそ求められるのだ。ただ、式 (6.4) に到達するにはまず式 (6.3) のとおり $C^{(n)}$ の特異値分解を行う必要があるので、このままでは「記憶領域が足らない」という問題の解決にはなっていない。

射影行列による低ランク近似

式 (4.19) で与えた、拡大を表す関係式 $C^{(n+1)} = \left(P^{(n)} C^{(n)} P^{(n)} \right) \cdot W$ が問題解決の糸口となる。まずはダイアグラムを下図左に示そう。

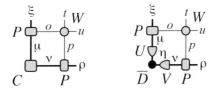

$C^{(n)}$ を低ランク近似 $\bar{C}^{(n)}$ で置き換えた $\left(P^{(n)} \bar{C}^{(n)} P^{(n)} \right) \cdot W$ は $C^{(n+1)}$ の良い近似となるはずだ。カッコの中身 $P^{(n)} \bar{C}^{(n)} P^{(n)}$ は、それぞれの下付きの脚について行列の積になっていた。右肩の $^{(n)}$ が煩雑なので、しばらくの間は取り去って $P\bar{C}P$ と書こう。その要素は式 (6.3) を使って

$$\sum_{\mu\nu} P_{\xi\mu}^o \left[\sum_{\eta=0}^{\chi-1} U_{\mu\eta} D_\eta V_{\nu\eta} \right] P_{\nu\rho}^p \qquad (6.5)$$

と書き下せる。この式を含めたダイアグラムを描くと、上図右のようになる。記号 $\bar{D}^{(n)}$ を使うと、式 (6.5) は $PU\bar{D}V^TP$ とも略記できる。はじめの χ 個の対角要素が 1 で、その後の要素が 0 である対角行列 $\bar{I}$ を導入すると

$$\bar{D}^{(n)} = \bar{I} D^{(n)} = D^{(n)} \bar{I} = \bar{I} D^{(n)} \bar{I} \qquad (6.6)$$

が成立するので、式 (6.5) は $PU\bar{I}D\bar{I}V^TP$ と書いても良い。

いま導入した $\bar{I}$ のランクは χ で、自明に $\bar{I}^2 = \bar{I}$ が成立する。このように、2 乗がもとの行列に等しいものは**射影行列**と呼ばれる。ここで、ラン

クが χ の行列 (注: いま扱っている U は実数の直交行列である。)

$$M_{\gamma\mu} = \sum_{\kappa=0}^{\chi-1} U_{\gamma\kappa} U_{\mu\kappa} \tag{6.7}$$

を導入しよう。この行列は、$M = U \bar{I} U^T$ と表すこともできる。ダイアグラムでは次のように描かれるものだ。

但し、後の都合もあって $\bar{I}$ は図からは省略してあり、κ は 0 から $\chi-1$ までの値を取るものと図から読み取る。M の 2 乗を計算すると

$$M^2 = U \bar{I} U^T U \bar{I} U^T = U \bar{I}^2 U^T = U \bar{I} U^T = M \tag{6.8}$$

が成立するので、M もまた射影行列である。

式 (6.5) を眺めると、$P_{\xi\mu}^o$ は $U_{\mu\eta}$ に隣接している。このような配置に関連して、行列としての積 $PM = PU\bar{I}U^T$ を考えてみよう。要素で表すと

$$\sum_{\gamma} P_{\xi\gamma}^o M_{\gamma\mu} = \sum_{\gamma} P_{\xi\gamma}^o \sum_{\kappa=0}^{\chi-1} U_{\gamma\kappa} U_{\mu\kappa} \tag{6.9}$$

となる。射影行列 M が含まれることから、PM は P の低ランク近似の一種と考えることが可能だ。(どういう意味で「ランクが低い」のかは宿題にしておく。) この PM と、直交性を持つ U の間で行列としての積を取ると、

$$PMU = PU\bar{I}U^T U = PU\bar{I} \tag{6.10}$$

を得る。先に述べたとおり式 (6.5) には縮約 $\sum_{\mu} P_{\xi\mu}^o U_{\mu\eta}$ が含まれていて、脚 η の範囲は $0 \leq \eta \leq \chi-1$ であるので、この部分は式 (6.10) の $PU\bar{I}$ と同じものだ。従って、式 (6.5) に含まれる $P_{\xi\mu}^o$ を、低ランク近似 PM に置き換えても、全体としての縮約 (の結果) には何の影響もない。

理由は後で考えるとして、射影行列 M を P の両側の脚に作用させた

$$\bar{P}_{\xi\mu}^o = \sum_{\sigma\gamma} M_{\xi\sigma} P_{\sigma\gamma}^o M_{\gamma\mu} \tag{6.11}$$

という低ランク近似 $\bar{P} = MPM$ を導入する。一見すると不思議なのだけれども、式 (6.5) に含まれる $P^o_{\xi\mu}$ を $\bar{P}^o_{\xi\mu}$ に置き換えても、全体としての縮約には目立った影響を与えることはない。（後で謎解きしよう。）

もう 1 つの射影行列

式 (6.5) の中で $V_{\nu\eta}$ の右にある $P^p_{\nu\rho}$ についても低ランク近似を導入できる。V を使って新たな射影行列を次のように定義しよう。

$$N_{\nu\sigma} = \sum_{\omega=0}^{\chi-1} V_{\nu\omega} V_{\sigma\omega} \tag{6.12}$$

これは $N = V \bar{I} V^T$ と略記できて、V の直交性より $N^2 = N$ が成立する。また、式 (6.5) に含まれる $P^p_{\nu\rho}$ についても、式 (6.11) を真似て

$$\bar{Q}^p_{\nu\rho} = \sum_{\sigma\gamma} N_{\nu\sigma} P^p_{\sigma\gamma} N_{\gamma\rho} \tag{6.13}$$

という低ランク近似 $\bar{Q} = NPN$ を考えよう。式 (6.11) の $\bar{P}$ との区別のために、文字を変えて $\bar{Q}$ と書いた。式 (6.5) の $P^p_{\nu\rho}$ を $\bar{Q}^p_{\nu\rho}$ で置き換えた場合、式 (6.13) で $P^p_{\sigma\gamma}$ の左側にある $N_{\nu\sigma}$ は全体としての縮約に影響を与えず、右側にある $N_{\gamma\rho}$ が与える影響も実質的には小さいものだ。（理由は後述。）

式 (6.11) では射影行列 M と、式 (6.13) では射影行列 N との縮約を取って、それぞれ良い性質を持つ低ランク近似が得られた。実は、式 (6.3) で与えられる $\bar{C}^{(n)}_{\mu\nu}$ も射影行列との積を使って

$$\bar{C}^{(n)}_{\mu\nu} = \sum_{\sigma\gamma} M_{\mu\sigma} C^{(n)}_{\sigma\gamma} N_{\gamma\nu} \tag{6.14}$$

表せ、$\bar{C}^{(n)} = M C^{(n)} N$ と略記できる。この式では系のサイズを示す (n) を明示した。$M = U \bar{I} U^T$, $N = V \bar{I} V^T$, $C^{(n)} = U D^{(n)} V^T$ を代入すれば

$$\bar{C}^{(n)} = U \bar{I} U^T \left(U D^{(n)} V^T \right) V \bar{I} V^T = U \bar{I} D^{(n)} \bar{I} V^T = U \bar{D}^{(n)} V^T \tag{6.15}$$

となり、式 (6.14) が式 (6.3) と等価であることを容易に検算できる。

6.1 繰り込み群変換へ

式 (6.11) の $\bar{P}^{(n)}$、式 (6.13) の $\bar{Q}^{(n)}$、式 (6.14) の $\bar{C}^{(n)}$ などの低ランク
を、関係式 $C^{(n+1)} = \left(P^{(n)} C^{(n)} P^{(n)} \right) \cdot W$ に持ち込んだもの

$$\left(\bar{P}^{(n)} \, \bar{C}^{(n)} \, \bar{Q}^{(n)} \right) \cdot W = \left(M P^{(n)} M C^{(n)} N P^{(n)} N \right) \cdot W \tag{6.16}$$

を考えてみよう。右辺への変形では $M^2 = M$ と $N^2 = N$ を使った。これ
は $C^{(n+1)}$ に対する「一種の近似」で、下図左のように描ける。

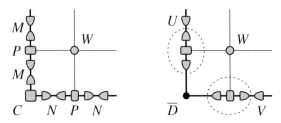

但し、$\bar{I}$ は明示していない。式 (6.3) や式 (6.14) を使うと、式 (6.16) は

$$\left(U \, \bar{I} \, U^T P^{(n)} U \, \bar{D}^{(n)} V^T P^{(n)} V \, \bar{I} \, V^T \right) \cdot W \tag{6.17}$$

と変形できて、上図右のとおりとなる。点線で囲った部分に着目しよう。抜
き出して描くと、それぞれ下図のように、3 脚テンソルを表す縮約

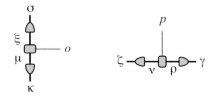

になっている。これらのダイアグラムを数式で表すと、左から順に

$$\tilde{P}^o_{\sigma\kappa} = \sum_{\xi\mu} U_{\xi\sigma} P^o_{\xi\mu} U_{\mu\kappa}, \qquad \tilde{Q}^p_{\zeta\gamma} = \sum_{\nu\rho} V_{\nu\zeta} P^p_{\nu\rho} V_{\rho\gamma} \tag{6.18}$$

となる。式中では $^{(n)}$ を省略した。また、図中や式中の脚 $\sigma, \kappa, \zeta, \gamma$ は、描
かれていない $\bar{I}$ によって 0 から $\chi - 1$ までの範囲に制限されている（自由
度が χ である）ことに注意しよう。以下では式 (6.18) で与えられる $\tilde{P}$ と $\tilde{Q}$
を、**繰り込まれた 3 脚テンソル**と呼ぶことにしよう。

【繰り込み群変換】　式 (6.18) は、3 脚テンソル P の「行列としての脚」の自由度を χ に落とし、要素の数が少ない 3 脚テンソル $\tilde{P}$ と $\tilde{Q}$ を与える線形変換である。$\tilde{P}$ や $\tilde{Q}$ から P への逆変換はできない。このような一方通行の変換は（その使われ方によっては）**繰り込み群変換**と呼ばれる。

　ところで、ランクが χ の対角行列

$$\bar{D}^{(n)} = \bar{I}\, D^{(n)}\, \bar{I} = \bar{I}\, U^T C^{(n)} V\, \bar{I} \tag{6.19}$$

は、χ 個の対角要素「$D_0^{(n)}$ から $D_{\chi-1}^{(n)}$」が行列 $D^{(n)}$ の対角要素に等しく、それ以外の行列要素は 0 に置き換えたものあった。次の変換

$$\sum_{\sigma\gamma} U_{\sigma\kappa}\, C_{\sigma\gamma}^{(n)}\, V_{\gamma\zeta} = \delta_{\kappa\zeta}\, D_{\zeta}^{(n)} \tag{6.20}$$

で、脚 κ と ζ の範囲を 0 から $\chi-1$ までに制限すると、右辺は $D_0^{(n)}$ から $D_{\chi-1}^{(n)}$ までを含む χ 次元の対角行列となる。これを $\tilde{D}^{(n)}$ で表すと、式 (6.20) は $C^{(n)}$ から $\tilde{D}^{(n)}$ への繰り込み群変換とも解釈できる。

　式 (6.16) や式 (6.17) で考えた $C^{(n+1)}$ の近似は、**繰り込まれたテンソル** $\tilde{P}^{(n)}, \tilde{D}^{(n)}, \tilde{Q}^{(n)}$ を組み合わせることによって、

$$\bar{A} = \left(U\, \tilde{P}^{(n)} \tilde{D}^{(n)} \tilde{Q}^{(n)} V^T \right) \cdot W \tag{6.21}$$

と表すこともできる。後に続く式 (6.22) の都合もあって、右辺の縮約を $\bar{A}$ と簡潔に表しておこう。下図にダイアグラムを示す。

冒頭の式 (6.1) をもう一度眺めると、敷き詰め方の数 $c^{(n+1)}$ を近似的に

$$\tilde{c}^{(n+1)} = \mathrm{Tr}\left[\, \bar{A}\,\bar{A}^T \bar{A}\,\bar{A}^T \,\right] = \mathrm{Tr}\left[\, \bar{A}\,\bar{A}^T \,\right]^2 \tag{6.22}$$

と表せることがわかる。対応するダイアグラムは、上図を 4 枚「つなげた」

下図左のようになる。横に伸びる太線の上にある V と V^T の間の縮約は、V の直交性により χ 次元の単位行列 $\tilde{I}$ になる。縦に伸びる太線の上にある U と U^T についても同様だ。従って、これらの変換行列はダイアグラムからは「落ちて」しまい、下図左は下図右のように描き直せる。ここで、下図右の太線は全て χ 自由度の脚を表していることに注意しよう。

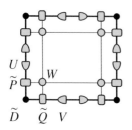 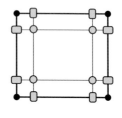

結局のところ式 (6.22) は、**繰り込まれたテンソル**を使って組み上げられた、「拡大された角転送行列に似たもの」

$$\hat{C}^{(n+1)} = \left(\tilde{P}^{(n)} \tilde{D}^{(n)} \tilde{Q}^{(n)} \right) \cdot W \tag{6.23}$$

とその転置行列を使って、冒頭の式 (6.1) のように縮約を取ったものになっている。$\hat{C}^{(n+1)}$ を要素で表すと

$$\hat{C}^{(n+1)}_{(t\xi)(u\rho)} = \sum_{\eta op} \tilde{P}^{o}_{\xi\eta} \tilde{D}_{\eta} \tilde{Q}^{p}_{\eta\rho} W o \, ^{t}_{p} \, _{u} \tag{6.24}$$

となる。但し、ギリシア文字で表された脚の自由度は全て χ である。また、右辺では $^{(n)}$ を省略した。縮約の取り方は、下図のダイアグラムを見た方がわかりやすいだろう。

$$
\begin{array}{c}
\xi \quad t \, W \\
\tilde{P} \, \boxed{} \, ^{o} \, \bigcirc \, u \\
\eta \, \Big| \quad \Big| \, p \\
\tilde{D} \, \blacksquare \, \boxed{} \, \rho \\
\tilde{Q}
\end{array}
$$

$\hat{C}^{(n+1)}$ の脚 $(t\xi)$ および $(u\rho)$ はそれぞれ $\mu = \chi t + \xi$ および $\nu = \chi u + \rho$ とまとめてしまえて、$\hat{C}^{(n+1)}$ は 2χ 次元行列 $\hat{C}_{\mu\nu}$ となる。χ の値を適度に小さく取っておけば、2χ は 2^n よりもずいぶん小さく抑えられる。ようやく、式 (6.4) の直後に遭遇した (?) 記憶容量の問題が解決できそうだ。

6.2 反復アルゴリズム

繰り込まれたテンソル $\tilde{P}^{(n)}$, $\tilde{D}^{(n)}$, $\tilde{Q}^{(n)}$ は、行列としては χ 次元のものであった。これらを組み合わせて、式 (6.24) では下図左のように、拡大された「角転送行列もどき」$\hat{C}^{(n+1)}$ を作った。同じように、3 脚テンソル $\tilde{P}^{(n)}$ と 4 脚テンソル W を組み合わせると、下図中央のような $\hat{P}^{(n+1)} = \tilde{P}^{(n)} \cdot W$ を得る。$\tilde{Q}^{(n)}$ と W からは下図右のように $\hat{Q}^{(n+1)} = \tilde{Q}^{(n)} \cdot W$ を得る。

$\hat{P}^{(n+1)}$ と $\hat{Q}^{(n+1)}$ を求める計算は、$^{(n)}$ を省略した形で書き表すと

$$\hat{P}^{u}_{(t\xi)(p\eta)} = \sum_{o} \tilde{P}^{o}_{\xi\eta} \, W o^{t}_{\ p}u \,, \qquad \hat{Q}^{t}_{(o\eta)(u\rho)} = \sum_{p} \tilde{Q}^{p}_{\eta\rho} \, W o^{t}_{\ p}u \tag{6.25}$$

という縮約になっている。$\tilde{P}^{(n+1)}$ の下付きの脚もまた、$\hat{C}^{(n)}$ と同じように $\mu = \chi t + \xi$ および $\delta = \chi p + \eta$ と 2χ 自由度の脚にまとめて $\hat{P}^{u}_{\mu\delta}$ と表せ、$\tilde{Q}^{(n+1)}$ の脚も $\gamma = \chi o + \eta$ および $\nu = \chi u + \rho$ とまとめて $\hat{Q}^{t}_{\gamma\nu}$ と表せる。（上図に現れるギリシア文字と、式 (6.24) と式 (6.25) に含まれるテンソルの脚には対応が付いているけれども、これらの文字も「使い捨て」のものだ。）

手続きの一巡

ここまで計算を進めた時点で、式 (6.1) と同じような状況にあることに気づくだろうか。まず $\hat{C}^{(n+1)}$ を使って、$c^{(n+1)}$ の近似値が求められる。次に、$\hat{C}^{(n+1)}$ を特異値分解すると、

$$\hat{C}^{(n+1)} = U \, D^{(n+1)} V^{T} \tag{6.26}$$

となり、式 (6.3) のように直交性を持つ行列 U および V と、特異値が対角成分に並ぶ $D^{(n+1)}$ を得る。この行列を「切り取って」作った χ 次元の対角行列が $\tilde{D}^{(n+1)}$ である。そして式 (6.18) と同じように繰り込み群変換

$$\tilde{P}^{u}_{\sigma\kappa} = \sum_{\mu\delta} U_{\mu\sigma} \, \hat{P}^{u}_{\mu\delta} U_{\delta\kappa} \,, \qquad \tilde{Q}^{t}_{\zeta\pi} = \sum_{\gamma\nu} V_{\gamma\zeta} \, \hat{Q}^{t}_{\gamma\nu} V_{\nu\pi} \tag{6.27}$$

を式 (6.25) で得られた $\hat{P}^{(n+1)}$ と $\hat{Q}^{(n+1)}$ に対して行って、行列としての脚が χ 自由度になるよう繰り込まれた 3 脚テンソル $\tilde{P}^{(n+1)}$ と $\tilde{Q}^{(n+1)}$ を得る。式 (6.27) では $^{(n+1)}$ を省略して、脚をまとめ書きした。

この時点で計算が一巡していて、ここから先は式 (6.23) の $^{(n)}$ を $^{(n+1)}$ に書き換えて $\hat{C}^{(n+2)}$ を求める手順となる。そして $\hat{C}^{(n+2)}$ を特異値分解して、特異値から χ 個を拾って $\tilde{D}^{(n+2)}$ と、繰り込み群変換を記述する U と V を新たに得る。この反復計算が**角転送行列繰り込み群**の計算アルゴリズムであり、$c^{(n)}$ の近似値を順次求められる。(arXiv:cond-mat/9507087, arXiv:0905.3225) 角転送行列などの次元を χ に制限しつつ計算を進めるので、どの段階でもテンソルの脚は 2χ 自由度までに抑えられている。

【もともとは対角化】 Baxter が角転送行列の自由度を落とす計算方法を 1968 年に発表したときには、角転送行列を対角化して固有値を絶対値の大きい方から χ 個拾った。対角化を使う形式は、数理的な角転送行列の取り扱いには便利なもので、モデルによっては敷き詰め方の数の解析形を厳密に導出できる。(一方で、非対称行列の数値対角化は少々難儀だ。)

式 (6.24)、式 (6.25) では領域の拡大を縦向きにも横向きにも同時に行った。縦向きにだけ拡大することも可能で、下図左のように $\tilde{P}^{(n)} \tilde{D}^{(n)}$ という形で角転送行列を伸ばすと、これを「4 枚貼り合わせた」全体の縮約は下図中央のようになる。これは縦向きに伸びた部屋での、敷き詰め方の数を表すダイアグラムだ。縦に伸ばした角転送行列を特異値分解すると、横方向の繰り込み群変換 V が得られて、下図右の $\tilde{Q}^{(n)} \cdot W$ を式 (6.27) のように繰り込める。

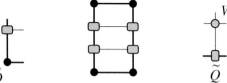

全く同様の手続きで横向きに伸ばすことも可能で、その場合には $\tilde{D}^{(n)} \tilde{P}^{(n)}$ を特異値分解して縦方向の繰り込み群変換 U を得て、$\tilde{P}^{(n)} \cdot W$ を繰り込むことになる。このような工夫をすると、長方形の部屋で畳を敷き詰める場合の数も、角転送行列繰り込み群によって求められる。

6.3 射影行列を入れる場所

式 (6.18) や式 (6.20) で、そして式 (6.27) で繰り込み群変換を行ったときに、一見すると特段の理由なく「左右の行列の脚」に変換行列を作用させ

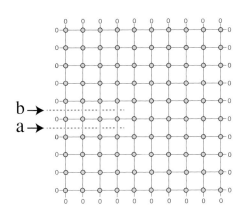

ているように見える。そんな適当なことをしても、$\tilde{c}^{(n)}$ の計算には大きな影響を与えない理由を、一応は理解しておきたい。左図に示したのは、$C^{(5)} = \left(P^{(4)} C^{(4)} Q^{(4)} \right) \cdot W$ によって表現された 10×10 格子が与える $c^{(10)}$ のダイアグラムである。点線で挟んだ部分は $P^{(4)}$ に相当している。矢印で示した a および b の部分に**射影行列** $U \bar{I} U^T$

を挿入することが、繰り込み群変換を導入するに至った経緯であった。格子のサイズが充分に大きな場合には、a の部分と b の部分を区別しようにも、

- どちらも系の左側の辺から中央付近へと引いた線

という程度の認識しか持ち得ないものだ。部屋の大きさ（系のサイズ）が充分に大きければ、a と b の区別は意味のないものとなる。区別がないのであれば、テンソル $P^{(n)}$ の左側の脚に施した繰り込み群変換は、右側の脚にも使えるだろう。これが、式 (6.18) や式 (6.20) で、そして式 (6.27) で表される繰り込み群変換を正当化する**物理的な直感**である。

【未解決問題】 点線 a と b が似通った場所にあるとは言っても、一段ずれているではないか ... という疑問が残ることは確かだ。縦横に 10×10 の系だけを扱う場合に、点線 a の場所にどのような射影行列を挿入するのが最適であるか？ という問いに、明確な答えは得られていない。上下にちょうど 2 分割するような**対称性の高い**場所に相当する点線 b と、**非対称な環境**の下にある点線 a の違いを真面目に考えると、もう少し計算精度が高められるかもしれない。（それを行う計算手順は?!）

6.4 数値計算上の注意

角転送行列繰り込み群の計算は式 (6.23) から式 (6.27) までの繰り返しで、一巡するごとに領域の大きさ n が 1 ずつ増える。この反復計算を「数式のとおりに」実行して $\tilde{P}^{(n)}, \tilde{D}^{(n)}, \tilde{Q}^{(n)}$ を求めていくと、n がある値を超えた時点で数値計算の結果がおかしくなり始め、最終的には**浮動小数点エラー**でプログラムの実行が異常停止する。$\tilde{D}^{(n)}$ の最大要素 $\tilde{D}_0^{(n)}$ を観察すると、その値が n とともに指数関数的に増加していき、やがて**オーバーフロー**することに気づく。$\tilde{P}^{(n)}$ や $\tilde{Q}^{(n)}$ も、$\tilde{D}^{(n)}$ ほどではないにせよ、絶対値の大きな要素を持つようになり、数値計算を不安定にする。

【浮動小数点形式】 計算機は 0 と 1 を基にした**デジタル処理**によって作動するので、そのままでは整数しか表現できない。実数は、有限桁の 2 進数（固定小数点形式）に 2 の何乗かを掛けたり割ったりした**浮動小数展形式**の有理数で近似的に表現する。**数値シミュレーション**では 8 byte (= 64 bit) による**倍精度**の表現がよく使われる。（IEEE754 を検索・参照。）表現できる数値の絶対値に、**上限と下限が存在する**ことを忘れてはならない。

解決方法は、それぞれのテンソルを最大要素 (の絶対値) で割っておくことだ。反復計算を一巡して $\tilde{D}^{(n)}$ を新たに求めた段階で、最大要素 $\tilde{D}_0^{(n)}$ を (計算プログラム中で) 変数 $d^{(n)}$ に代入しておく。そして、$d^{(n)}$ で割った $\frac{1}{d^{(n)}} \tilde{D}^{(n)}$ を改めて $\tilde{D}^{(n)}$ とする。数値計算の「代入式」の形で

$$\frac{1}{d^{(n)}} \tilde{D}^{(n)} \quad \rightarrow \quad \tilde{D}^{(n)} \tag{6.28}$$

と表しておこうか。割った後の $\tilde{D}^{(n)}$ を使うと、敷き詰め方の数は

$$\tilde{c}^{(n)} = \left(d^{(n)} \right)^4 \mathrm{Tr} \left[\tilde{D}^{(n)} \right]^4 \tag{6.29}$$

と表されることになる。実用上は対数を取った $\log \tilde{c}^{(n)}$ を求めることが多いので、右辺の $\left(d^{(n)} \right)^4$ を持つことはなく、対数を取った

$$\log \tilde{c}^{(n)} = 4 \log d^{(n)} + \log \mathrm{Tr} \left[\tilde{D}^{(n)} \right]^4 \tag{6.30}$$

を計算することになるだろう。式 (6.28) の割り算の操作が $\tilde{D}^{(n-1)}$ にも $\tilde{D}^{(n-2)}$ にも … 行われているならば

$$\log \tilde{c}^{(n)} = 4\left[\log d^{(n)} + \log d^{(n-1)} + \log d^{(n-2)} + \cdots\right] + \log \operatorname{Tr}\left[\tilde{D}^{(n)}\right]^4 \quad (6.31)$$

と計算を進めることになる。従って、割り算を行うごとに $d^{(n)}$ または $\log d^{(n)}$ をプログラム上で保存しておく必要がある。

$\tilde{P}^{(n)}$ や $\tilde{Q}^{(n)}$ も、$\tilde{D}^{(n)}$ 程ではないにせよ n が大きくなるとともに、だんだんと大きな絶対値を持つ要素を持つようになる。従って、$\tilde{P}^{(n)}$ を新たに求めた段階で「要素の絶対値のうちで最大のもの」を $p^{(n)}$ に、$\tilde{Q}^{(n)}$ についても同様に $q^{(n)}$ に代入しておく。そして、割り算を行ったもの

$$\frac{1}{p^{(n)}}\tilde{P}^{(n)} \quad \rightarrow \quad \tilde{P}^{(n)}, \qquad \frac{1}{q^{(n)}}\tilde{Q}^{(n)} \quad \rightarrow \quad \tilde{Q}^{(n)} \quad (6.32)$$

を改めて $\tilde{P}^{(n)}, \tilde{Q}^{(n)}$ とする。割った後のテンソルを使うと、式 (6.23) の $\hat{C}^{(n+1)} = \left(\tilde{P}^{(n)}\tilde{D}^{(n)}\tilde{Q}^{(n)}\right)\cdot W$ は次のように書き改めたことになる。

$$\frac{1}{p^{(n)}d^{(n)}q^{(n)}}\hat{C}^{(n+1)} \quad \rightarrow \quad \hat{C}^{(n+1)} \quad (6.33)$$

ここに至るまでに $n-1$ でも $n-2$ でも式 (6.32) のように割り算が行われてきたならば、割り算の因子 $p^{(n-1)}, p^{(n-2)}, ..., q^{(n-1)}, q^{(n-2)}, ...,$ や、それらの対数を取ったものを保存しておいて、式 (6.31) をさらに書き換える必要がある。どのような式になるかは、宿題にしておこう。$p^{(n-1)}$ や $q^{(n-1)}$ が、式 (6.33) の中に「何回隠れているか」も考えてみると良いだろう。

【計算上の工夫は時代とともに】 　以上では、テンソルそれぞれの最大要素の絶対値が 1 となるように割り算を実行した。この処方では脚の自由度 χ が、せいぜい 10 とか 100 程度であることを想定している。将来とても大きな値の χ を使う場面に遭遇することがあれば、最大要素の絶対値をもっと小さな値に設定しておく必要があるかもしれない。足し算の途中で、桁落ちが問題となる可能性があるからだ。一方で、**相関関数**などを拾う目的で χ に大きな値を設定する場合には、特異値が小さすぎて**アンダーフロー**することもある。数値計算にはいろいろな工夫が必要なものだ。

6.5 集まる棒の模型

角転送行列を使った実際の計算事例を 1 つくらいは紹介しておこう。対象とするのは 3.6 節で紹介した**棒模型**の仲間で、集まってきて互いにくっつく性質を持った棒の模型の、Self-Assembled Rigid Rods と呼ばれるものだ。下図左のように細線で描いた格子の上に、太線で描いた短い棒がパラパラと**縦向き**あるいは**横向き**に置かれていて、

- 同じ向きの棒は互いにくっつくことができる

という状況を思い浮かべてみよう。但し、異なる向きの棒が L 字型、T 字型や + 字形にくっつくことは禁止されている。結果として、いろいろな長さの直線的な棒が混在するようになる。このように、棒の長さに**分散**のある状況は polydispersive と呼ばれるものだ。

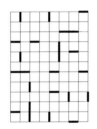 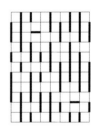

上図左のように棒の数が少ないうちは縦向きにも横向きにも棒を置けて、図を 90 度回転させても**同じような見かけ**の、どちらかというと雑然とした**無秩序な配置**となる。棒の数が増えて辺り一面が棒だらけになると、上図右のように全体的には棒がほとんど縦に揃ってしまうか、あるいは図を 90 度回転させたように、横に揃ってしまう。このように一方向に揃ったものは、**縦と横の対称性が破れた状態**と表現できるだろう。

細線が十字に交わる格子点を眺めて回ると、上図に示した 7 通りのパターンしかないことに気づくだろう。細線を 0、太線を 1 に対応させると 4 脚テンソル W によって記述される**バーテックス模型**を考えていることにな

る。それぞれが**出現する相対的な確率**を、次のように

$$W_{0\ \ 0}^{0\ \ \ 0} = 1, \qquad W_{1\ \ 1}^{0\ \ \ 0} = W_{0\ \ 0}^{0\ \ \ 1} = e^K$$

$$W_{0\ \ 0}^{0\ \ \ 1} = W_{0\ \ 0}^{1\ \ \ 0} = W_{1\ \ 0}^{0\ \ \ 0} = W_{0\ \ 1}^{0\ \ \ 0} = e^{B+K/2} \qquad (6.34)$$

与えておこう。（少々強引に、確率的な現象を記述する**統計力学**の言葉づかいを持ち込んだ。）K は棒の**現れやすさ**を指定するパラメターで、K が大きいほど棒の密度が高くなる。B は棒の端の現れやすさを指定し、B が大きいほど棒の端ばかりが現れることから、短い棒の比率が大きくなる。また、B や K が小さくなると棒が姿を消していき、わずかにパラパラと短い棒が散らばったような状態になる。

　ここから先は畳の敷き詰め問題とほとんど同じ手順の計算となる。式 (6.23) から式 (6.27) までの反復計算で記述される角転送行列繰り込み群を使って、式 (6.22) の $\tilde{c}^{(n)}$ を n を増やしつつ順次求めていく。但しこの棒模型での $\tilde{c}^{(n)}$ は「畳の敷き詰めの場合の数」ではなく、

- 全ての可能な配置について出現確率の和を取った**分配関数**

となっている。統計力学の既習者には、$\tilde{c}^{(n)}$ の文字を変えて $\tilde{Z}^{(n)}$ と書いた方が直感 (?) が湧くだろうか。（統計力学を学んだことがなければ、全系について出現確率を規格化する定数が分配関数と呼ばれているという程度の理解で、漠然と眺めていて良いだろう。）

　ともかくも $\tilde{c}^{(n)}$ や、その計算の過程に現れる**繰り込まれたテンソル** $\tilde{P}^{(n)}$, $\tilde{D}^{(n)}$, $\tilde{Q}^{(n)}$ が $n = 1, 2, 3, 4, \cdots$ と数値的に得られたとして、話を続けよう。後の都合で、格子の中央を取り囲むような、4 脚の**環境テンソル**

$$\tilde{E}_{a\ \ d}^{\ \ b}{}_{c} = \sum_{\xi\mu\nu\rho} \tilde{P}_{\xi\mu}^{a} \tilde{D}_{\mu} \tilde{Q}_{\mu\nu}^{d} \tilde{D}_{\nu} \tilde{P}_{\nu\rho}^{c} \tilde{D}_{\rho} \tilde{Q}_{\rho\xi}^{b} \tilde{D}_{\xi} \qquad (6.35)$$

を構成してみる。式が煩雑にならないよう $^{(n)}$ を省略した。これは少し簡潔に、$\tilde{E}_{a\ \ d}^{\ \ b}{}_{c} = \mathrm{Tr}\left[\tilde{P}^a \tilde{D} \tilde{Q}^d \tilde{D} \tilde{P}^c \tilde{D} \tilde{Q}^b \tilde{D} \right]$ とも表せる。（対称性の悪いモデルを扱う場合には、環境テンソルの形がもう少し複雑なものとなる。）式 (6.35) のダイアグラムも見ておこう。（次頁の図の左側↓）

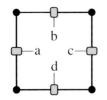 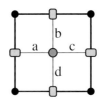

上図右のように、環境 $\tilde{E}$ に W をはめ込むような形で縮約を取ると

$$\tilde{c} = \sum_{abcd} W a {}^{b}_{d} c \, \tilde{E} a {}^{b}_{d} c \tag{6.36}$$

格子の横幅が $2n+1$ の場合の、全体にわたる縮約の近似値 $\tilde{c}$ が得られる。この式の右辺に $W 0 {}^{1}_{1} 0$ が現れるのは、系の中央に棒が縦に置かれている場合で、$W 0 {}^{1}_{0} 0$ と $W 0 {}^{0}_{1} 0$ ならば縦の棒の端が中央にかかっている。一方で、$W 1 {}^{0}_{0} 1$ と $W 0 {}^{0}_{0} 1$ と $W 1 {}^{0}_{0} 0$ が現れれば棒は横に寝ている。縦と横のどちらが現れやすいのかを検出する目的で、新たに 4 脚テンソル

$$Y 0 {}^{1}_{1} 0 = W 0 {}^{1}_{1} 0, \quad Y 0 {}^{1}_{0} 0 = \frac{1}{2} W 0 {}^{1}_{0} 0, \quad Y 0 {}^{0}_{1} 0 = \frac{1}{2} W 0 {}^{0}_{1} 0,$$

$$Y 1 {}^{0}_{0} 1 = -W 1 {}^{0}_{0} 1, \quad Y 1 {}^{0}_{0} 0 = -\frac{1}{2} W 1 {}^{0}_{0} 0, \quad Y 0 {}^{0}_{0} 1 = -\frac{1}{2} W 0 {}^{0}_{0} 1 \tag{6.37}$$

を導入しよう。棒の端には $1/2$ の因子をかけてあり、これ以外の Y の要素は 0 とする。式 (6.36) と同じように、環境テンソル $\tilde{E}$ と Y の縮約

$$\tilde{y} = \sum_{abcd} Y a {}^{b}_{d} c \, \tilde{E} a {}^{b}_{d} c \tag{6.38}$$

を求めてみる。系の中央だけ W とは異なるものを挿入する縮約なので、このように使われる Y は**不純物テンソル**とも呼ばれる。さて、W と Y の定義を見比べてわかるように、$\tilde{y}$ と $\tilde{c}$ の比は

$$-1 \leq \frac{\tilde{y}}{\tilde{c}} \leq 1 \tag{6.39}$$

を満たす。環境テンソルが空間的に位置している系の中央で、縦の棒も横の棒も同じように見つかるならば $\tilde{y}/\tilde{c} = 0$ となる。

式 (6.34) に示されている**局所的な重率** W には縦方向と横方向が同等であるという、**縦横の対称性**がある。ところが B や K の値によっては縦か横か、どちらかが出やすくなって、数値的に求めた $\tilde{y}/\tilde{c}$ が 0 にはならないこともある。ちょっとした**数値誤差**が種となって、$|\tilde{y}/\tilde{c}|$ が反復計算の回数 n とともに増大していくのだ。数値誤差を使うのが気持ち悪いならば、最初から、わずかに $W\!\begin{smallmatrix}0\\1&1\\&0\end{smallmatrix}$ と $W\!\begin{smallmatrix}&0\\0&\\1&1\end{smallmatrix}$ の値をずらして、モデルの対称性をごく小さく崩しておいても良い。わずかに生じた**対称性の破れ**が n とともに拡大していくような B と K の組み合わせの下では、棒が縦か横に**揃っている状態**が熱力学的に安定なのだ。一方で、n とともに差異が 0 へと収束していくような B と K の組み合わせでは、熱力学極限 $(n \to \infty)$ で $\tilde{y}/\tilde{c} = 0$ が成立し、縦と横の区別のない**乱雑な**状態が熱力学的に安定となる。

【秩序パラメーター】　　$\tilde{y}/\tilde{c}$ のように状態の区別を表す量を**秩序パラメーター**と呼ぶ。秩序パラメーターが連続な状態の変化は **2 次相転移**、秩序パラメーターが不連続に飛ぶ状態の変化は **1 次相転移**と言い表される。

　B を縦軸、K を横軸に取った平面上で、どのような状態が安定かは、文献 arXiv:cond-mat/0012490 で数値的に調べられている。下図はその結果を示した**相図** (Phase Diagram) だ。相転移は 2 次で、イジング模型と同じ性質 (Universality) の相転移が現れる。**秩序状態**が縦と横の 2 種類であることが、イジング模型の up と down の 2 種類の秩序と対応しているわけだ。

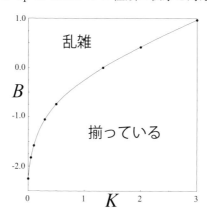

第7章 高次特異値分解・木構造・行列積

　脚を何個も持つテンソルに対して特異値分解を何度も行うと、**テンソル樹** (Tree Tensor) と呼ばれる一群のテンソルネットワークを得る。ダイアグラムの形状から**木構造**と呼ばれたり、構成要素のテンソルが直交性を持つことから**正準型** (Canonical Form) と呼ばれることもある。その入り口として、まずは**高次特異値分解**を 8 脚テンソル $T_{abcdefgh}$ に対して行う例から始めよう。簡単のため、脚 a から h は、0 から $d-1$ までの、d 個の異なる値を取り得るとする。0 と 1 を取り得るならば $d=2$ である。

> **【文字が足りない】**　　数式に使う文字は、すぐ足らなくなる。テンソル $T_{abcdefgh}$ の脚 $_d$ と、その脚が取る 0, 1, 2, ... $d-1$ の d 状態は、**使い分けていることが自明**なので同じ文字を重複して使っている。（すでに文字 χ でも、同じような重複があったのだけれども、気づかれただろうか?）

　8 個の脚を 2 個と 6 個に分けて取り扱ってみよう。分け方の場合の数は

$$_8C_2 = \frac{8!}{2!\,6!} = \frac{8 \cdot 7}{2} = 28 \tag{7.1}$$

通りもある。その中から、$_{ab}$ と $_{cdefgh}$ に分けて考えるものを $T_{(ab)\,cdefgh}$ と表す。5.2 節では 2 つの脚 $_{(ab)}$ をさらにまとめ書きしたけれども、以下ではカッコで分けたまま式変形を続ける。特異値分解を行うと

$$T_{(ab)\,cdefgh} = \sum_\xi U_{(ab)\xi}\, D_\xi\, V^*_{(cdefgh)\xi} \tag{7.2}$$

という形になる。右辺に現れる積 $D_\xi V^*_{(cdefgh)\xi}$ を $\tilde{T}_{\xi cdefgh}$ と書き改めてみよう。$U_{(ab)\xi}$ の直交性を使って、関係式

$$\sum_{ab} U^*_{(ab)\xi}\, T_{abcdefgh} = \tilde{T}_{\xi cdefgh} \tag{7.3}$$

を経て $\tilde{T}_{\xi cdefgh}$ を得たと考えても良い。この記法を使うと特異値分解は

$$T_{(ab)\,cdefgh} = \sum_\xi U_{(ab)\xi}\, \tilde{T}_{\xi cdefgh} \tag{7.4}$$

とも表せる。もとの $T_{abcdefgh}$ から $U_{(ab)\xi}$ を分離した形式になっていて、

式 (7.4) の左辺と右辺のダイアグラムは次のように描ける。

さて、$T_{abcdefgh}$ の脚を $_{cd}$ と $_{abefgh}$ に分けて考える場合には、脚の順番を保って $T_{ab(cd)efgh}$ と書くことにしよう。そして特異値分解を使って

$$T_{ab(cd)efgh} = \sum_{\mu} U_{(cd)\mu} D_{\mu} V^{*}_{(abefgh)\mu} = \sum_{\mu} U_{(cd)\mu} \tilde{T}_{ab\mu efgh} \tag{7.5}$$

と式変形する。「テンソルネットワーク業界の悪しき (?) 掟」の 1 つに

- **脚の文字が異なるテンソルは別のものとみなす**

という慣習があり、式 (7.2) と式 (7.5) では同じように U, D, V^{*} が並んでいても、例えば式 (7.2) の $U_{(ab)\xi}$ と式 (7.5) の $U_{(cd)\mu}$ は異なるものだ。式 (7.5) も下図左のようにダイアグラムで表しておこう。同様に、$T_{abcd(ef)gh}$ や $T_{abcdef(gh)}$ と分ける場合も下図中央、下図右のように変形できる。

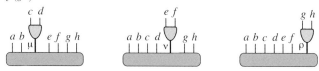

また、式 (7.4) の $\tilde{T}_{\xi cdefgh}$ の脚を $_{(cd)}$ と $_{\xi efgh}$ に分けて特異値分解すると

$$\tilde{T}_{\xi(cd)efgh} = \sum_{\mu} U_{(cd)\mu} D_{\mu} V^{*}_{(\xi efgh)\mu} = \sum_{\mu} U_{(cd)\mu} \tilde{T}_{\xi \mu efgh} \tag{7.6}$$

と変形できる。式 (7.5) と式 (7.6) の $U_{(cd)\mu}$ は (自明な符号の選択を除いて) 同じものである。さらに $\tilde{T}_{\xi \mu efgh}$ を分解していくと

$$\tilde{T}_{\xi\mu(ef)gh} = \sum_{\nu} U_{(ef)\nu} D_{\nu} V^{*}_{(\xi\mu gh)\nu} = \sum_{\nu} U_{(ef)\nu} \tilde{T}_{\xi\mu\nu gh}$$

$$\tilde{T}_{\xi\mu\nu(gh)} = \sum_{\rho} U_{(gh)\rho} D_{\rho} V^{*}_{(\xi\mu\nu)\rho} = \sum_{\rho} U_{(gh)\rho} \tilde{T}_{\xi\mu\nu\rho} \tag{7.7}$$

という形まで到達する。これらの分解を組み合わせると

$$T_{abcdefgh} = \sum_{\xi\mu\nu\rho} U_{(ab)\xi} U_{(cd)\mu} U_{(ef)\nu} U_{(gh)\rho} \tilde{T}_{\xi\mu\nu\rho} \tag{7.8}$$

という形の**高次特異値分解**が得られる。4 つの異なる U は、どんな順番に求めてもよくて、まず式 (7.5) のように $U_{(cd)\mu}$ から先に求めることも可能だ。式 (7.8) のダイアグラムを下図左に示そう。**コアテンソル**と呼ばれる $\tilde{T}_{\xi\mu\nu\rho}$ と、それを囲む 4 つの U との間で縮約が取られている。

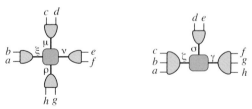

$T_{abcdefgh}$ の脚にはいろいろな分け方があり、$_{abc}$ と $_{de}$ と $_{fgh}$ に分けると

$$T_{abcdefgh} = \sum_{\zeta\sigma\gamma} U_{(abc)\zeta} U_{(de)\sigma} U_{(fgh)\gamma} \tilde{T}_{\zeta\sigma\gamma} \tag{7.9}$$

と、上図右に示した形へと高次特異値分解することもできる。

低ランク近似

　高次特異値分解へと至る途中に使った特異値分解では、特異値が大きいものから順に並んでいると仮定しよう。式 (7.8) に現れるギリシア文字の脚 ξ, μ, ν, ρ の自由度はそれぞれ d^2 である。これらの自由度を χ 以下に制限することで、$T_{abcdefgh}$ に対する**低ランク近似**

$$\bar{T}_{abcdefgh} = \sum_{\xi\mu\nu\rho=0}^{\chi-1} U_{(ab)\xi} U_{(cd)\mu} U_{(ef)\nu} U_{(gh)\rho} \tilde{T}_{\xi\mu\nu\rho} \tag{7.10}$$

が得られる。なお、式 (7.9) の形の高次特異値分解を経由すると、異なる形の低ランク近似が得られる。

> **【タッカー分解】**　　コアテンソルが 3 脚である高次特異値分解は Tucker が 1966 年に論じたことから、タッカー分解の名で知られている。高次特異値分解は何度でも再発見され得るもので、同じ形式が Hitchcock によって 1927 年に論じられている。必要に迫られると誰でも (?) 自然発生的に高次特異値分解を使った低ランク近似を使い始めるもので、何も断らずに式 (7.10) のように自由度が制限された式が提示されることも珍しくない。

7.1 木構造ネットワーク

式 (7.8) に含まれるコアテンソル $\tilde{T}_{\xi\mu\nu\rho}$ は、さらに特異値分解できて

$$\tilde{T}_{(\xi\mu)\nu\rho} = \sum_\eta U_{(\xi\mu)\eta} D_\eta V^*_{(\nu\rho)\eta} = \sum_\eta U_{(\xi\mu)\eta} D_\eta U_{(\nu\rho)\eta} \tag{7.11}$$

と変形できる。最後の等式では $V^*_{(\nu\rho)\eta} = U_{(\nu\rho)\eta}$ という記号の書き換えを行った。$_{(\nu\rho)\eta}$ という脚の組み合わせはここにしか出てこないので、「異なる U を脚で区別する」というルールを守る限り、混同が生じることはない。いま求めた式 (7.11) を、式 (7.8) に代入してみよう。

$$T_{abcdefgh} = \sum_{\xi\mu\nu\rho\eta} U_{(ab)\xi} U_{(cd)\mu} \left[U_{(\xi\mu)\eta} D_\eta U_{(\nu\rho)\eta} \right] U_{(ef)\nu} U_{(gh)\rho} \tag{7.12}$$

式が長くて何がどうなっているのか、わかり辛いのでダイアグラムに描いてみる。

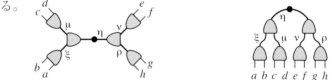

上図の 2 つのダイアグラムは「つながり方」が同じなので、等価なものである。黒い点が D_η を表していて、他の 3 脚テンソルは全て U に対応している。図形的には、木が枝分かれしているように見えるので、このように**ループのない**ダイアグラムで描かれるテンソルネットワークは**木構造ネットワーク**または**樹状ネットワーク** (Tree Tensor Network, TTN) と呼ばれる。

式 (7.12) はとても見づらい。テンソルの脚の位置を上図右にあわせて

$$T_{abcdefgh} = \sum_{\xi\mu\nu\rho\eta} U_{ab}^{\ \xi} U_{cd}^{\ \mu} U_{ef}^{\ \nu} U_{gh}^{\ \rho} U_{\xi\mu}^{\ \eta} U_{\nu\rho}^{\ \eta} D_\eta \tag{7.13}$$

と書いた方が見やすいのではないだろうか。図中で特異値 D_η よりも右側に位置する 3 脚テンソルを全て V^* で表すならば

$$T_{abcdefgh} = \sum_{\xi\mu\nu\rho\eta} U_{ab}^{\ \xi} U_{cd}^{\ \mu} U_{\xi\mu}^{\ \eta} D_\eta V_{ef}^{\nu*} V_{gh}^{\rho*} V_{\nu\rho}^{\eta*} \tag{7.14}$$

となる。特異値分解した気分は出るけれども、少々煩雑かもしれない。

7.2　基本的な変形と Vidal の標準形

いま扱っているのは 3 脚テンソル U のみで構成される、**バイナリーツリー**（2 分樹）と呼ばれ木構造で、最も基本的なものだ。脚の多いテンソル U_{abc}^{ξ} などを含む木構造も、特異値分解を経てバイナリーツリーへと変形できる。さて、式 (7.13) に含まれる $D_\eta\, U_{\nu\rho}^{\eta}\, U_{gh}^{\rho}$ に着目して

$$Y_{\eta\nu gh} = \sum_\rho D_\eta\, U_{\nu\rho}^{\eta}\, U_{gh}^{\rho} \tag{7.15}$$

という**部分和**を作ってみる。この 4 脚テンソルを使うと $T_{abcdefgh}$ は

$$T_{abcdefgh} = \sum_{\xi\mu\nu\eta} U_{ab}^{\xi}\, U_{cd}^{\mu}\, U_{ef}^{\nu}\, U_{\xi\mu}^{\eta}\, Y_{\eta\nu gh} \tag{7.16}$$

と表される。下図左にダイアグラムで描いた式 (7.13) が、式 (7.15) を経て、下図中央に描かれた式 (7.16) へと変形されたわけだ。

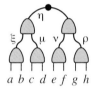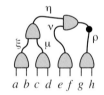

4 脚テンソルの脚を $Y_{(\eta\nu)gh}$ と分けて考えて特異値分解を行うと

$$Y_{(\eta\nu)gh} = \sum_\rho U_{(\eta\nu)\rho}\, D_\rho\, V_{(gh)\rho}^{*} = \sum_\rho U_{\eta\nu}^{\rho}\, D_\rho\, U_{gh}^{\rho} \tag{7.17}$$

となり、新たに $U_{\eta\nu}^{\rho}$ と D_ρ を得る。式 (7.17) の U_{gh}^{ρ} は、式 (7.15) の U_{gh}^{ρ} とは一般的には異なるものなのだけれども、後で紹介する**ゲージ変換**を行うと、同じものに選ぶことが可能だ。以上を通じて、上図右に描いたように

$$T_{abcdefgh} = \sum_{\xi\mu\nu\rho\eta} U_{ab}^{\xi}\, U_{cd}^{\mu}\, U_{\xi\mu}^{\eta}\, U_{ef}^{\nu}\, U_{\eta\nu}^{\rho}\, D_\rho\, U_{gh}^{\rho} \tag{7.18}$$

という新たな木構造へと変形ができる。式 (7.13) では D_η が η の脚を表す線上に位置していて、式 (7.18) では ρ の線上に特異値が移動して D_ρ となっている。このような**特異値の移動**を繰り返すと、特異値が現れる場所

を任意の脚へと移せる。下に描いた**基本的な変形**が重要で、どんな脚の組み合わせで直交性を考えるか? という選択肢が 3 通りあることに

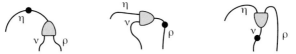

対応している。上図のダイアグラムを、それぞれ数式で表しておこう。

$$D_\eta U^\eta_{\nu\rho} = D_\rho U^\rho_{\eta\nu} = D_\nu U^\nu_{\eta\rho} = X_{\nu\rho\eta} \tag{7.19}$$

一番右側に書いてある $X_{\nu\rho\eta}$ を経由すれば、この 3 通りの変形を**シュミット直交化**によって行うことも可能だ。

Vidal の標準形

　基本的な変形を、どのような順番で何度行っても、脚 ρ の箇所に現れる特異値 D_ρ は常に同じ値のものとなる。3 脚テンソルを接続するギリシア文字の脚には特異値が「隠れて」いて、式 (7.19) では 1 つだけが表に現れているとも考えられる。そこで、特異値の全てを等しく表に出した形

$$X_{\nu\rho\eta} = D_\eta D_\rho D_\eta \Gamma_{\nu\rho\eta} \tag{7.20}$$

で表してみよう。右辺に現れる $\Gamma_{\nu\rho\eta}$ に特異値をかけて

$$U^\eta_{\nu\rho} = D_\nu D_\rho \Gamma_{\nu\rho\eta}, \quad U^\rho_{\eta\nu} = D_\eta D_\nu \Gamma_{\nu\rho\eta}, \quad U^\nu_{\eta\rho} = D_\eta D_\rho \Gamma_{\nu\rho\eta} \tag{7.21}$$

と、直交性を持つ U を表現できる。下図のダイアグラムでは、丸印が $\Gamma_{\nu\rho\eta}$ で、点線で囲った部分が左から順に $U^\eta_{\nu\rho}, U^\rho_{\eta\nu}, U^\nu_{\eta\rho}$ を表している。

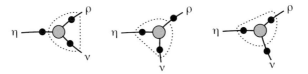

式 (7.20) と同じような、特異値を表に出した表現を木構造の全体にわたって採用すると、これまでに考えてきた木構造の式 (7.13) や式 (7.18) などは、全て同じ数式に帰着する。

$$T_{abcdefgh} = \sum_{\xi\mu\nu\rho\eta} \Gamma_{ab\xi} \, D_\xi \, \Gamma_{cd\mu} \, D_\mu \, \Gamma_{ef\nu} \, D_\nu \, \Gamma_{gh\rho} \, D_\rho \, \Gamma_{\xi\mu\eta} \, D_\eta \, \Gamma_{\nu\rho\eta} \tag{7.22}$$

これは Vidal が文献 arXiv:quant-ph/0310089 や arXiv:quant-ph/0608060 で導入した**標準形**で、ダイアグラム表記は下図左のとおりとなる。

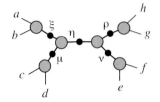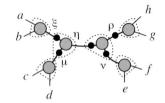

この標準形から、もとの直交性のある 3 脚テンソル U による表現に戻す場合には、まず表に出す特異値を 1 つ選ぶ。例えば D_ρ を選ぶと、上図右に点線で描いたとおりに U が定まり、式 (7.18) へと自然に帰着する。

Vidal による標準形は表現に一意性があって、これを使うと理論的な考察が容易となる。但し、3 脚テンソル Γ を得るには、特異値 D による割り算が必要だ。例えば $\Gamma_{\nu\rho\eta}$ の場合には、次のようになる。

$$\Gamma_{\nu\rho\eta} = \frac{1}{D_\nu D_\rho} U^{\eta}_{\nu\rho} = \frac{1}{D_\eta D_\nu} U^{\rho}_{\eta\nu} = \frac{1}{D_\eta D_\rho} U^{\nu}_{\eta\rho} \tag{7.23}$$

$\Gamma_{\nu\rho\eta}$ はそれぞれの脚に対応する特異値が 0 ではない範囲で定義されているのだ。数値計算により $\Gamma_{\nu\rho\eta}$ を求める際には**浮動小数点演算**のオーバーフローを避けるために、特異値がある値よりも小さければ 0 であると見なす必要がある。一般に、Γ を使った計算では**丸め誤差**が目立たないよう、計算の手順を注意深く設定する必要がある。

枝の組み換え

再び、直交性のある 3 脚テンソルを使った木構造の表現に戻ろう。下図左に示した式 (7.13) から下図中央の式 (7.16) へ移ったところで、4 脚テンソルの脚を $Y_{\eta(\nu g)h}$ と分けて考えると、下図右のように変形できる。

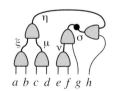

くどいかもしれないけれども、一応は特異値分解してみよう。

$$Y_{\eta(\nu g)h} = \sum_{\sigma} U_{(\nu g)\sigma} D_\sigma V^*_{(\eta h)\sigma} = \sum_{\sigma} U^\sigma_{\nu g} D_\sigma U^\sigma_{\eta h} \qquad (7.24)$$

式の右端にある $U^\sigma_{\eta h}$ は、脚の順番を入れ換えて $U^\sigma_{h\eta}$ と書いた方が良いかもしれない。テンソルの脚を「左回り」に並べることにすれば、数式を書くときに迷わずに済む利点があるからだ。ひとまず式 (7.24) の並べ方のままとしておこう。この局所的なテンソルの**組み換え**を通じて、全体的には

$$T_{abcdefgh} = \sum_{\xi\mu\nu\sigma\eta} U^\xi_{ab} U^\mu_{cd} U^\eta_{\xi\mu} U^\nu_{ef} U^\sigma_{\nu g} D_\sigma U^\sigma_{\eta h} \qquad (7.25)$$

という木構造へと変形される。先に説明した特異値の移動とは異なり、今度の変形では 3 脚テンソルが接続される順番が変わったり、新しい脚の組み合わせを持つ 3 脚テンソルが現れる。局所的には下図左の 4 脚テンソルを経由して、その右に描いた 3 通りのいずれかへと変形する選択肢があるわけだ。（右端の図は g と h の位置を入れ換えると、枝が交差しないようにも描ける。）

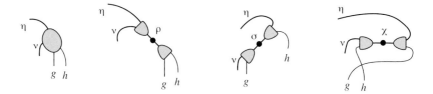

【数え上げ問題】 上図のような**枝の組み換え**や特異値の移動などの**局所的な変形**を何度か繰り返すと、ある木構造から任意の異なる木構造へと変形することが可能だ。こんな話を数学者に語ると、

- **全部で何通り**の互いに異なる木構造があるのか?

など考え始めることだろう。また、2 つの異なる木構造が与えられた際に

- 最小の**変形手順**は何手で、それをどうやって見つけるのか?

などと、つぶやき始めるに違いない。どちらも難儀な問題だ。興味のある方は答えを探してみると（キーワード検索の）良い演習になるだろう。

7.3 ゲージ変換

テンソルネットワークには、**ゲージの自由度**と呼ばれるものがある。これは、場の理論から（縮約の形式だけを）借用した言葉づかいだ。

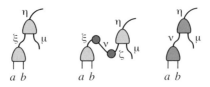

上図左に示した、4 脚テンソルを与える縮約

$$\varphi_{ab\eta\mu} = \sum_{\xi} U_{ab}^{\ \xi} U_{\xi\mu}^{\ \eta} \tag{7.26}$$

を例に取って説明しよう。適当なユニタリー変換 G を考えて、上図中央に描いたとおり、恒等変換 $I = GG^*$ を右辺に挿入してみる。

$$\sum_{\xi\nu\zeta} U_{ab}^{\ \xi} G_{\xi\nu} G_{\zeta\nu}^* U_{\zeta\mu}^{\ \eta} = \sum_{\nu} \left(\sum_{\xi} U_{ab}^{\ \xi} G_{\xi\nu} \right) \left(\sum_{\zeta} G_{\zeta\nu}^* U_{\zeta\mu}^{\ \eta} \right) \tag{7.27}$$

縮約の結果はもとの $\varphi_{ab\eta\mu}$ と同じである。カッコで囲んだ部分をそれぞれ

$$X_{ab}^{\ \nu} = \sum_{\xi} U_{ab}^{\ \xi} G_{\xi\nu}, \qquad Y_{\nu\mu}^{\ \eta} = \sum_{\zeta} G_{\zeta\nu}^* U_{\zeta\mu}^{\ \eta} \tag{7.28}$$

と新たな 3 脚テンソルで表すと、上図右に対応する次の関係式

$$\varphi_{ab\eta\mu} = \sum_{\nu} X_{ab}^{\ \nu} Y_{\nu\mu}^{\ \eta} \tag{7.29}$$

を得る。式 (7.28) のように、縮約に影響を与えないテンソルの線形変換を**ゲージ変換**と呼ぶ。より一般的に、ユニタリーではない G を使って構成した恒等変換 $I = GG^{-1}$ を挿入することも可能だ。式 (7.21) で U の直交性を変換した操作もまた、特異値を使ったゲージ変換の形になっている。ループを含まない木構造の一部を例に取ってゲージ変換を説明したけれども、テンソルネットワークの構造によらず、テンソルの間で縮約を取る部分であれば、どこでも同様にゲージ変換を導入できる。

7.4 行列積

木構造の変形を延々と続けていくと、3 脚テンソルが一列に並んだものへも変形できる。下図左がその例で、対応する数式は次のようになる。

$$T_{abcdefgh} = \sum_{\xi\mu\nu\rho\sigma} U_{ab}^{\ \xi}\, U_{\xi c}^{\ \mu}\, U_{\mu d}^{\ \nu}\, D_\nu\, U_{e\rho}^{\ \nu}\, U_{f\sigma}^{\ \rho}\, U_{gh}^{\ \sigma} \tag{7.30}$$

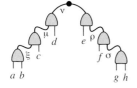 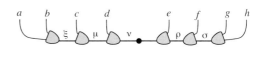

これは、何度も紹介してきた**行列積**なのだけれども、式 (7.30) の見かけも上図左のダイアグラムも、1 章や 3 章で見慣れた (?) 記法とは異なっている。まずはダイアグラムを上図右のように、直線的に引き伸ばして描こう。3 脚テンソルを表す図形も微妙に斜めにした。テンソルもそれぞれ

$$A_{a\xi}^{\ b} = U_{ab}^{\ \xi}, \qquad A_{\xi\mu}^{\ c} = U_{\xi c}^{\ \mu}, \qquad A_{\mu\nu}^{\ d} = U_{\mu d}^{\ \nu},$$
$$B_{\nu\rho}^{\ e} = U_{e\rho}^{\ \nu}, \qquad B_{\rho\sigma}^{\ f} = U_{f\sigma}^{\ \rho}, \qquad B_{\sigma h}^{\ g} = U_{gh}^{\ \sigma} \tag{7.31}$$

と、脚の位置を上図右に合わせよう。この書き換えにより、直交性は

$$\sum_{\xi c} A_{\xi\mu}^{\ c}\, A_{\xi\mu'}^{\ c\,*} = \delta_{\mu\mu'}, \qquad \sum_{\sigma f} B_{\rho\sigma}^{\ f}\, B_{\rho'\sigma}^{\ f\,*} = \delta_{\rho\rho'} \tag{7.32}$$

のように表されることになる。式 (7.31) を式 (7.30) に代入すると

$$T_{abcdefgh} = \sum_{\xi\mu\nu\rho\sigma} A_{a\xi}^{\ b}\, A_{\xi\mu}^{\ c}\, A_{\mu\nu}^{\ d}\, D_\nu\, B_{\nu\rho}^{\ e}\, B_{\rho\sigma}^{\ f}\, B_{\sigma h}^{\ g} \tag{7.33}$$

となって、下付きの脚が「行列としての掛け算」を表す並びとなる。

> **【カノニカル】**　式 (7.33) のように、直交性を満たす 3 脚テンソルで表現される行列積は**正準** (Canonical) であると言い表し、$A_{a\xi}^{\ b}\, A_{\xi\mu}^{\ c}\, A_{\mu\nu}^{\ d}$ の部分を**左正準** (Left Canonical)、$B_{\nu\rho}^{\ e}\, B_{\rho\sigma}^{\ f}\, B_{\sigma h}^{\ g}$ の部分を **右正準** (Right Canonical) と呼ぶ。なお、特異値 D_ν は右正準な部分と左正準な部分の間に現れる。

行列積は木構造の特別な場合であるから、特異値の位置はどこにでも移動できる。数式の書き方を変えたばかりなので復習を兼ねて確認すると、D_ν と $B_{\nu\rho}^{\ e}$ と $B_{\rho\sigma}^{\ f}$ について部分和を求めた後に特異値分解を行い

$$\sum_\rho D_\nu\, B_{\nu\rho}^{\ e}\, B_{\rho\sigma}^{\ f} = Y_{(\nu e)\,f\sigma} = \sum_\rho U_{(\nu e)\rho}\, D_\rho\, V_{(f\sigma)\rho}^{\ *} \tag{7.34}$$

これを改めて $\sum_\rho A_{\nu\rho}^{\ e}\, D_\rho\, B_{\rho\sigma}^{\ f}$ と書くと、結果として $D_\nu\, B_{\nu\rho}^{\ e} = A_{\nu\rho}^{\ e}\, D_\rho$ が成立していることがわかる。従って式 (7.33) は次のようにも表せる。

$$T_{abcdefgh} = \sum_{\xi\mu\nu\rho\sigma} A_{a\xi}^{b}\, A_{\xi\mu}^{c}\, A_{\mu\nu}^{d}\, A_{\nu\rho}^{e}\, D_\rho\, B_{\rho\sigma}^{\ f}\, B_{\sigma h}^{\ g} \tag{7.35}$$

両端の扱い

　正準な行列積の表し方として、両端に 2 脚テンソルを置く書き方がある。例えば式 (7.35) は左端に $A_{\ \varepsilon}^{a}$, 右端に $B_{\delta}^{\ h}$ を置いて

$$T_{abcdefgh} = \sum_{\varepsilon\xi\mu\nu\rho\sigma\delta} A_{\ \varepsilon}^{a}\, A_{\varepsilon\xi}^{b}\, A_{\xi\mu}^{c}\, A_{\mu\nu}^{d}\, A_{\nu\rho}^{e}\, D_\rho\, B_{\rho\sigma}^{\ f}\, B_{\sigma\delta}^{\ g}\, B_{\delta}^{\ h} \tag{7.36}$$

と表せる。式の形に違和感があれば、1 自由度の脚 × を持ち込んで

$$T_{abcdefgh} = \sum_{\varepsilon\xi\mu\nu\rho\sigma\delta} A_{\times\varepsilon}^{a}\, A_{\varepsilon\xi}^{b}\, A_{\xi\mu}^{c}\, A_{\mu\nu}^{d}\, A_{\nu\rho}^{e}\, D_\rho\, B_{\rho\sigma}^{\ f}\, B_{\sigma\delta}^{\ g}\, B_{\delta\times}^{\ h} \tag{7.37}$$

と 3 脚に揃えてしまうことも可能だ。そして特異値を右端に寄せて

$$T_{abcdefgh} = \sum_{\varepsilon\xi\mu\nu\rho\sigma\delta} A_{\times\varepsilon}^{a}\, A_{\varepsilon\xi}^{b}\, A_{\xi\mu}^{c}\, A_{\mu\nu}^{d}\, A_{\nu\rho}^{e}\, A_{\rho\sigma}^{f}\, A_{\sigma\delta}^{g}\, A_{\delta\times}^{h}\, D_\times \tag{7.38}$$

と、完全に左正準に揃えてしまうこともできる。この場合、$\left(D_\times\right)^2$ は $T_{abcdefgh}$ の内積となる。同様に、特異値を左端へと移動させることもできる。

【周期境界条件】　　右端と左端で下付きの脚を縮約した行列積

$$T_{abcdefgh} = \sum_{\delta\varepsilon\xi\mu\nu\rho\sigma\eta} A_{\delta\varepsilon}^{a}\, A_{\varepsilon\xi}^{b}\, A_{\xi\mu}^{c}\, A_{\mu\nu}^{d}\, A_{\nu\rho}^{e}\, A_{\rho\sigma}^{f}\, A_{\sigma\eta}^{g}\, A_{\eta\delta}^{h} \tag{7.39}$$

を考えよう。ダイアグラムは環状になっていて、木構造ではない。$T_{abcdefgh}$ が与えられたときに、これを右辺のように分解するには工夫が必要だ。良い演習問題なので、計算手順を各自で考えてみよう。（… 実は最先端の課題。）

行列積の低ランク近似

　行列積は、3 脚テンソル間を結ぶギリシア文字の脚に**充分な自由度**を与えるならば、任意の多脚テンソルを表現できる。例えば式 (7.36) や式 (7.37) で、物理的な脚 $abcdefgh$ がそれぞれ d 自由度であるならば、ε と δ に d 自由度、ξ と σ に d^2 自由度、μ と ρ に d^3 自由度、ν に d^4 自由度を割り当てれば良い。このように、両端から中央へと向かって脚の自由度を指数関数的に増やしていくには膨大な記憶領域が必要で、数値計算の観点からは実際的でない。そこで、ギリシア文字の脚の自由度を「ある値 χ 以下」に制限する低ランク近似がよく使われる。

　自由度の制限が必要な状況の下では、$T_{abcdefgh}$ のような**多脚テンソル**をそのまま取り扱って、これに対して特異値分解を行うことも困難である。特異値が求められないならば、低ランク近似も無理なように思われるかもしれない。実はひと工夫して、

- 実際の数値計算では精度良い低ランク近似の存在を仮定し、

その低ランク近似を逐次的に求めていく反復計算を行う。前章で扱った**角転送行列繰り込み群**も、そのような反復計算の一例である。次章からは具体例を通じて、より明示的な形で数値計算の方法を紹介していく。

【木構造 ⊃ 行列積】　　行列積は木構造の特別な場合なので、木構造が持つ性質はそのまま行列積にも受け継がれる。例えば式 (7.22) で示した **Vidal の標準形**の考え方は、そのまま行列積に持ち込めて、式 (7.33) は

$$T_{abcdefgh} = \sum_{\xi\mu\nu\rho\sigma} \Gamma_{a\xi}^{\ b} D_\xi \, \Gamma_{\xi\mu}^{\ c} D_\mu \, \Gamma_{\mu\nu}^{\ d} D_\nu \, \Gamma_{\nu\rho}^{\ e} D_\rho \, \Gamma_{\rho\sigma}^{\ f} D_\sigma \, \Gamma_{\sigma h}^{\ g} \tag{7.40}$$

とも表せる。直交性を持つ 3 脚テンソルとの関係は、例えば

$$A_{\xi\mu}^{\ c} D_\mu = D_\xi \, \Gamma_{\xi\mu}^{\ c} D_\mu = D_\xi \, B_{\xi\mu}^{\ c} \tag{7.41}$$

となっている。この関係式は最初に行列積で知られていて、後に木構造へと持ち込まれたものだ。

7.5 量子力学系の行列積状態

行列積は、1 次元量子力学系の状態表現によく使われる。5.2 節では 6 脚の波動関数 Ψ_{abcdef} を扱ったけれども、ここでは式 (7.33) や式 (7.35) との対応から、原子が 8 個並ぶ系の**量子状態** $|\Psi\rangle = \sum \Psi_{abcdefgh} |abcdefgh\rangle$ について考えてみよう。（量子力学が守備範囲外の方は、次章まで読み飛ばすか、斜め読みして問題ない。）波動関数を式 (7.33) の行列積で表すと、

$$|\Psi\rangle = \sum_{abcdefgh} \sum_{\xi\mu\nu\rho\sigma} A^b_{a\xi} A^c_{\xi\mu} A^d_{\mu\nu} D_\nu B^e_{\nu\rho} B^f_{\rho\sigma} B^g_{\sigma h} |abcdefgh\rangle \qquad (7.42)$$

と状態 $|\Psi\rangle$ を表せる。特異値はどの位置に置いても良い。このように記述された量子状態を**行列積状態** (Matrix Product State, MPS) と呼ぶ。

【言葉づかいの妙?】 物理学で「状態」という言葉は、超伝導状態とか基底状態など、何らかの物理的な性質を持った状態を指し示すことに使われるのが普通だ。行列積状態は数式の上で行列積が使われただけの状態で、何か特定の物理を表すわけではない。この奇妙さは、ひとまず許容しよう。

式 (7.42) に現れる $|abcdefgh\rangle$ は $|abcd\rangle$ と $|efgh\rangle$ の**直積** $|abcd\rangle|efgh\rangle$ を表している。左正準な部分と右正準な部分に対して、**シュミット基底**

$$|\nu\rangle_A = \sum_{abcd\xi\mu} A^b_{a\xi} A^c_{\xi\mu} A^d_{\mu\nu} |abcd\rangle, \qquad |\nu\rangle_B = \sum_{efgh\rho\sigma} B^e_{\nu\rho} B^f_{\rho\sigma} B^g_{\sigma h} |efgh\rangle \qquad (7.43)$$

を定義しておくと、$|\Psi\rangle = \sum_\nu D_\nu |\nu\rangle_A |\nu\rangle_B$ と、シュミット分解された形にまとめられる。式 (7.43) の $|\nu\rangle_A$ が直交性 $_A\langle\nu|\nu'\rangle_A = \delta_{\nu\nu'}$ を満たすことは、$\langle abcd|a'b'c'd'\rangle = \delta_{aa'}\delta_{bb'}\delta_{cc'}\delta_{dd'}$ を使って

$$
\begin{aligned}
_A\langle\nu|\nu'\rangle_A &= \sum_{abcd\xi\mu} A^{b*}_{a\xi} A^{c*}_{\xi\mu} A^{d*}_{\mu\nu} \langle abcd| \sum_{a'b'c'd'\xi'\mu'} A^{b'}_{a'\xi'} A^{c'}_{\xi'\mu'} A^{d'}_{\mu'\nu'} |a'b'c'd'\rangle \\
&= \sum_{abcd\xi\mu} A^{b*}_{a\xi} A^{c*}_{\xi\mu} A^{d*}_{\mu\nu} \sum_{a'b'c'd'\xi'\mu'} A^{b'}_{a'\xi'} A^{c'}_{\xi'\mu'} A^{d'}_{\mu'\nu'} \, \delta_{aa'}\delta_{bb'}\delta_{cc'}\delta_{dd'} \\
&= \sum_{abcd\xi\xi'\mu\mu'} \left(A^{b*}_{a\xi} A^b_{a\xi'} \right) \left(A^{c*}_{\xi\mu} A^c_{\xi'\mu'} \right) \left(A^{d*}_{\mu\nu} A^d_{\mu'\nu'} \right) \qquad (7.44)
\end{aligned}
$$

と式変形した後に、3脚テンソルの直交性を順番に使えば確認できる。

$$\sum_{ab} A^{b*}_{a\xi} A^{b}_{a\xi'} = \delta_{\xi\xi'}, \quad \sum_{\xi c} A^{c*}_{\xi\mu} A^{c}_{\xi\mu'} = \delta_{\mu\mu'} \quad \sum_{\mu d} A^{d*}_{\mu\nu} A^{d}_{\mu\nu'} = \delta_{\nu\nu'} \quad (7.45)$$

ダイアグラムを使って検算しておこう。式 (7.44) の縮約は下図左のように
なっていて、式 (7.45) を使い下図中、下図右へと変形を進め、最後に $\delta_{\nu\nu'}$
を得る。同様に $_B\langle\nu\,|\,\nu'\rangle_B = \delta_{\nu\nu'}$ も確認できるだろう。

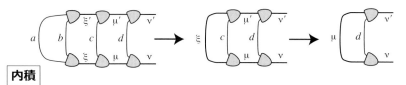

内積

　下図は $|\Psi\rangle$ の内積 $\langle\Psi|\Psi\rangle$ を表している。上図のように直交性を使って、
左右の外側から順に 3 脚テンソルを消していくと、式 (5.36) に似た関係
$\langle\Psi|\Psi\rangle = \sum_{\nu}(D_\nu)^2$ が得られる。行列積を構成する 3 脚テンソルを全く参
照することなく内積が得られることに注意しておこう。

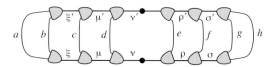

期待値

　規格化された $|\Psi\rangle$ に対する演算子 $\hat{O} = \sum_{c'c} O^{c'}_c |c'\rangle\langle c|$ の期待値

$$\langle\hat{O}\rangle = \langle\Psi|\hat{O}|\Psi\rangle = \sum_{abc'cdef} \Psi^*_{abc'def} O^{c'}_c \Psi_{abcdef} \qquad (7.46)$$

の計算には、式 (7.42) の行列積状態をそのまま使うよりも、関係式 $A^d_{\mu\nu} D_\nu = D_\mu B^d_{\mu\nu}$ を使って特異値を左に移動した行列積状態

$$|\Psi\rangle = \sum_{abcdefgh} \sum_{\xi\mu\nu\rho\sigma} A^b_{a\xi} A^c_{\xi\mu} D_\mu B^d_{\mu\nu} B^e_{\nu\rho} B^f_{\rho\sigma} B^g_{\sigma h} |abcdefgh\rangle \qquad (7.47)$$

を使う方が都合が良い。$\langle\Psi|\hat{O}|\Psi\rangle$ のダイアグラムを描いてみると、内積の
計算と同じように 3 脚テンソルの直交性により外側から順番に打ち消し合

い、残るものは下図右の $\displaystyle\sum_{\xi cc'\mu} A_{\xi\mu}^{c'\,*}\, A_{\xi\mu}^{c}\, O_{c}^{c'}\left(D_{\mu}\right)^{2}$ のみとなる。

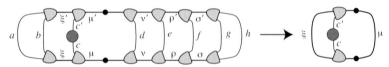

演算子 $\hat{O}$ と演算子 $\hat{Q}=\displaystyle\sum_{e'e} Q_{e}^{e'}|e'\rangle\langle e\,|$ の積 $\hat{O}\hat{Q}$ の期待値 $\langle\Psi|\hat{O}\hat{Q}|\Psi\rangle$ も求めてみよう。この場合は下図左に描いたように、それぞれの演算子の場所までは左右から 3 脚テンソルが打ち消し合う。そこから先は、数値的に

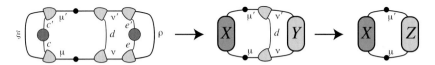

計算を実行する必要がある。まず端から部分和

$$X_{\mu}^{\mu'}=\sum_{\xi c'c} A_{\xi\mu'}^{c'\,*}\, A_{\xi\mu}^{c}\, O_{c}^{c'}\,, \qquad Y_{\nu}^{\nu'}=\sum_{\rho e'e} B_{\nu'\rho}^{e'\,*}\, B_{\nu\rho}^{e}\, Q_{e}^{e'} \tag{7.48}$$

を求めて上図中央のように変形した後で、もう一度部分和

$$Z_{\mu}^{\mu'}=\sum_{\nu\nu'd} B_{\mu'\nu'}^{d*}\, B_{\mu\nu}^{d}\, Y_{\nu}^{\nu'} \tag{7.49}$$

を作った後に、上図右のように縮約 $\displaystyle\sum_{\mu\mu'} X_{\mu}^{\mu'} D_{\mu} D_{\mu'} Z_{\mu}^{\mu'}$ を求めていくことになる。より一般的に、2 つの演算子の積に対して期待値を求める場合には、演算子それぞれが作用する場所の間隔 (距離) に比例する回数だけ、部分和を順に求める必要がある。

　演算子の期待値の計算で重要なことは、波動関数 $\Psi_{abcdefgh}$ を明示的には持たないことだ。例えば波動関数が 24 脚テンソル $\Psi_{abcd\cdots xyz}$ である場合を考えてみると、要素を全て計算機に格納できないことは自明だろう。行列積の形で、脚の自由度が χ 以下に低ランク近似された波動関数を扱い、必要になった箇所から 3 脚テンソルを使って部分和を作っていくことで、計算量を大幅に抑える。これが、さまざまな数値計算に行列積状態を導入する主な理由の 1 つである。

7.6 自然な木構造状態

　行列積は木構造の特殊な場合であったことを思い出そう。7.2 節で示したとおり、異なる形状の木構造は基本的な変形を通じて互いに関係づけられるのであった。そして木構造を波動関数の記述に使えば、より広い範囲の量子力学的な状態を、より精密に表現する可能性が広がる。まずは具体例として、右図のような**完全 2 分木**の構造を考えてみよう。この波動関数に対応する量子状態は

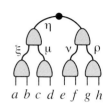

$$|\Psi\rangle = \sum_{abcdefgh} \sum_{\xi\mu\nu\rho\eta} U_{ab}^{\xi} U_{cd}^{\mu} U_{\xi\mu}^{\eta} U_{ef}^{\nu} U_{gh}^{\rho} U_{\nu\rho}^{\eta} D_{\eta} |abcdefgh\rangle \quad (7.50)$$

となる。$U_{\xi\mu}^{\eta}$ や $U_{\nu\rho}^{\eta}$ のように、$a \sim h$ 以外の脚だけを持つ 3 脚テンソルが含まれることが、（行列積を除外した）木構造の特徴であった。この状態の内積 $\langle\Psi|\Psi\rangle$ は下図のダイアグラムで示したように、向かい合う 3 脚テンソルが直交性により次々と打ち消し合い、$\langle\Psi|\Psi\rangle = \sum_{\eta} (D_{\eta})^2$ となる。

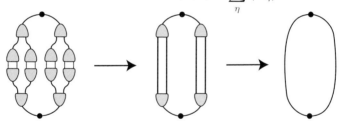

　脚 c に働く $\hat{O}$ と脚 e に働く $\hat{Q}$ の積の期待値 $\langle\Psi|\hat{O}\hat{Q}|\Psi\rangle$ の計算は下図左から右へ順に、まず向かい合う 3 脚テンソルが直交性により消え、次に

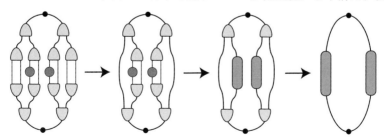

丸印で描いた2脚テンソル $O_c^{c'}$ や $Q_e^{e'}$ に対し、3脚テンソルとの部分和を求めるという手順で、局所的に進めていく。例えば $O_c^{c'}$ についての計算は

$$G_\mu^{\mu'} = \sum_{cc'd} O_c^{c'} U_{c'd}^{\mu'*} U_{cd}^{\mu} \tag{7.51}$$

というものになる。対応するダイアグラムを下図で確認しておこう。

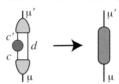

式 (7.51) は $O_c^{c'}$ に対して $U_{c'd}^{\mu'*}$ と U_{cd}^{μ} により**繰り込み群変換**を行う計算ともみなせ、$G_\mu^{\mu'}$ は**繰り込まれた演算子**の要素とも表現できる。以上のように、内積や演算子の期待値を求める際に、適切な順番で部分和を構成すれば必要な計算量や記憶容量を大きく削減できる点は、木構造が一般に持つ特質であり行列積もそれを受け継いでいたわけだ。

エンタングルメント

木構造の基本的な変形を通じて、下図左のように特異値の場所を μ の脚に移した形で波動関数 $\Psi_{abcdefgh}$ を表すと、内積は $\langle\Psi|\Psi\rangle = \sum_\mu \left(D_\mu\right)^2$ と表される。

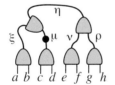 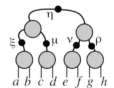

$|\Psi\rangle$ を $abefgh$ と cd に対応する部分に分けて、**シュミット分解**した際の**シュミット係数**（特異値）が D_μ なので、対応する**エンタングルメント・エントロピー**は $S_\mu = -\sum_\mu \left(D_\mu\right)^2 \log\left(D_\mu\right)^2$ となる。木構造を上図右のように **Vidal の標準形**で表すと、式 (7.22) に示したとおり3脚テンソルを結ぶ脚それぞれに特異値 $D_\xi, D_\mu, D_\nu, D_\rho, D_\eta$ が付随していることが明示的となる。それぞれに対応して、エンタングルメント・エントロピー $S_\xi, S_\mu, S_\nu, S_\rho, S_\eta$ がギリシア文字の脚に乗っているわけだ。

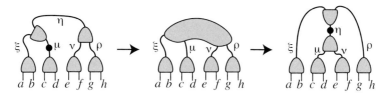

　木構造は、7.2 節で示したように脚のつながり方を組み換えられる。上図
に示した組み換えを考えると、対応する計算式は

$$\sum_\eta U_{\xi\eta}^{\ \mu} D_\mu U_{\nu\rho}^{\ \eta} = Y_{\xi(\mu\nu)\rho} = \sum_\eta U_{\xi\rho}^{\ \eta} D'_\eta U_{\mu\nu}^{\ \eta} \tag{7.52}$$

となる。新たに得られた右辺の特異値 D'_η は、式 (7.50) の D_η とは異なる
ものになっていて、対応する S'_η ももとの S_η とは違う値となる。

【脚のラベル】　　8 脚テンソル $\Psi_{abcdefgh}$ を木構造で表す場合、どのよう
な形のものでも 3 脚テンソルを結ぶ脚は 5 つで、$\xi, \mu, \nu, \rho, \eta$ の 5 つの
ギリシア文字でラベル付けできる。また、上図に示したとおり、枝の組み
替えを局所的に行なった際には、脚のラベルはもとのまま保たれる。

　波動関数 $\Psi_{abcdefgh}$ が与えられた際に、それを表現する木構造はいくつ
もあって、脚 $\xi, \mu, \nu, \rho, \eta$ に対応するエンタングルメント・エントロピー
の値も、異なる形状、つまり互いに重なり合わない木構造では、異なるも
のとなる。ある 1 つの木構造に着目したときに、もし極端に大きな値のエ
ンタングルメント・エントロピーがいずれかの脚に付随していれば、その
木構造は与えられた状態 $|\Psi\rangle$ の持つ構造 (?) を反映したもの、つまり**自然
なもの**ではないだろう。一方で、どの脚のエンタングルメント・エントロ
ピーも小さな値にとどまる木構造は「より自然なもの」であると考えられ
る。そのような木構造を使えば、$\Psi_{abcdefgh}$ に対して精度を落とさずに**低ラ
ンク近似**を行える可能性が高い。

　木構造は色々な問題を解決へと導く道具である。5.3 節で考えた**ベル状態**
のペアを探す逆問題も、**自然な木構造**を探す問題の 1 つと見なせる。木構
造の最も外側（最下層）で、ペアを 3 脚テンソルが結んでいるような木構造
を探し出す問題に焼き直せるからだ。**分子化学**など量子系の波動関数を扱
う分野では、このような**探索問題**によく遭遇することだろう。

第 **8** 章　　**手書き数字の見分け**

　　遺跡を発掘すると、何やら文字らしきものが刻まれた陶板が出土した。線で記してあるので、仮に「線文字 E」とでも呼んでおこうか。こういうものが一枚だけ出土した場合、解読は困難だ。何枚も同じようなものが各地から出土すれば、見比べて**学習**することによって、ようやく**文字の見分け**がつくようになり、言葉らしい構造が浮かび上がってくる。手本とするものが何もない状況では「文字を習う」のにも苦労する。

　子供の頃に数字の読み書きを習うときにはお手本があって、「縦棒」が目に入れば、それがノートの上でも画面の中でもビルの壁でも、ともかく数字の 1 であることを周囲の大人から何度も聞いて学習していく。「丸い輪」であれば 0 だ。少し厄介なのが 6 と 9 で、子供たちの絵にひっくり返った数字が描かれていたりする。こういう間違いもすぐに指摘されて、小学生になる頃にはすっかり数字の見分けができるようになる。読者の皆様はきっと数字を習いすぎて、この本を買ってしまったのだろう。このような習い方は**教師あり学習**と呼ばれる。

　文字や数字を**自動的に判読・判別する**ことは**機械学習**の使い道の 1 つで、いろいろな形で実装されつつある。**読み誤り**がなるべく少なくて、必要な計算が軽い、つまり計算量が少ない判別手法の開発は、現在もいろいろと提案され続けている。そんな中から、テンソルネットワークを使う手法として Stoudenmire と Schwab によって提案されたものを紹介しよう。原論文 arXiv:1605.05775 から、考え方の基本を以下に抜粋する。容易に原理を理解できるよう、計算アルゴリズムは少し簡素にした。

　さて、数字の表し方には漢数字、ローマ数字、マヤ文字の暦、楔形文字の... と余談に走るのは大学講義に任せておいて、以下ではアラビア数字のみ取り扱う。**十進数**を念頭に置く場合には、$\ell = 0, 1, 2, 3, 4, 5, 6, 7, 8, 9$ の 10 個の文字を見分けることになる。（ちなみに ℓ は letter の頭文字だ。）

8.1 画像に対応した M 脚テンソル

黒板に書いた数字の見分けを考えてみよう。黒板をカメラで撮影して、画像を計算機に入力することが最初の作業だ。人間が見て読めるならば、画像が少しボケていたり荒い画像でも問題ない。数字であれば、下図に示した縦横に 14 個くらいの**解像度**で充分だ。この画像は誰が見ても $\ell = 2$ だろうか。**ピクセル** (画素) の総数は $M = 14^2 = 196$ となる。

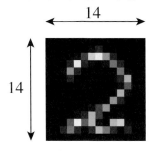

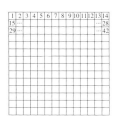

画像の上左隅のピクセルを 1 番目、その右隣を 2 番目、上右隅が 14 番目と数え、その後は上左隅から一段下がって 15 番目、その段の右隅が 28 番目 … そして下右隅が 196 番目としよう。j 番目のピクセルの明るさを、

- $x_j = 0$ が白色、$x_j = 1$ が黒色を表す**グレースケール**

を使った数値 x_j で表す。(明るさは 256 **階調**もあればよくて、16 階調くらいでも充分に読める。) このように画像の**標本化**を行うと、次の $M = 196$ 次元ベクトル

$$\boldsymbol{x} = (x_1, x_2, x_3, \cdots, x_M) \tag{8.1}$$

で画像が表現できる。黒板上の数字をいくつも撮影して画像が何枚もあるならば、$\boldsymbol{x}^{[1]}$, $\boldsymbol{x}^{[2]}$, $\boldsymbol{x}^{[3]}$, と**ラベル**を付けて区別しよう。テンソルの脚に見えないよう、画像の番号 [n] はカッコ書きにする。

【1 次元に伸ばして扱う】 2 次元的な画像を、わざわざ式 (8.1) のように 1 次元に伸ばして取り扱うのは、何だか妙な気がする。その疑問に対する回答は、まず 1 次元的なデータで文字の見分け (判別) が可能かどうか試してみて、うまく読めたら良しとする。また、より正確かつ効率的な判別を目指して、画像を 2 次元的に取り扱う工夫をさらに探っていくことも忘れない、というものだろう。ひとまず、このまま進めよう。

理由はともかくとして、式 (8.1) の $\boldsymbol{x}$ で表される画像を使って、M 脚テンソルを作ってみる。まず、最初の画素の明るさ x_1 を使って、

$$\phi_{a=0}(x_1) = \cos\frac{\pi x_1}{2}, \qquad \phi_{a=1}(x_1) = \sin\frac{\pi x_1}{2} \tag{8.2}$$

と、x_1 に対応する **1 脚テンソル** $\phi_a(x_1)$ 定義しよう。このピクセルが

- 白色 $(x_1 = 0)$ ならば $\phi_{a=0}(0) = 1$ および $\phi_{a=1}(0) = 0$ となり、

- 黒色 $(x_1 = 1)$ ならば $\phi_{a=0}(1) = 0$ および $\phi_{a=1}(1) = 1$ となる。

2 番目以降についても同様に、それぞれ 1 脚テンソルを対応させよう。

$$\phi_{b=0}(x_2) = \cos\frac{\pi x_2}{2}, \qquad \phi_{b=1}(x_2) = \sin\frac{\pi x_2}{2}$$
$$\phi_{c=0}(x_3) = \cos\frac{\pi x_3}{2}, \qquad \phi_{c=1}(x_3) = \sin\frac{\pi x_3}{2}$$
$$\cdots \tag{8.3}$$

いま定義した $\phi_a, \phi_b, \phi_c, \cdots$ についても、脚に使う文字でテンソルを区別する。ϕ_b と書いたら、それは 2 番目のピクセルを表す 1 脚テンソルだ。これらの 1 脚テンソルの**直積**を取って、画像 $\boldsymbol{x}$ を表す M 脚テンソル

$$\Phi_{abcdefgh\cdots} = \phi_a\,\phi_b\,\phi_c\,\phi_d\,\phi_e\,\phi_f\,\phi_g\,\phi_h\cdots \tag{8.4}$$

を定義しよう。脚を略記して Φ と書いたり、$\Phi(\boldsymbol{x})$ と $\boldsymbol{x}$ の関数として表すこともある。番号が付いた画像に対応する $\Phi(\boldsymbol{x}^{[n]})$ は $\Phi^{[n]}$ とも略記できるだろう。ダイアグラムでは次のように描ける。

【**なぜ三角関数?**】　**量子情報**でよく使われる**ブロッホ球**からの借用で、式 (8.2) と式 (8.3) では三角関数が登場した。この選択は全く必然ではなくて、$\phi_0(x_1)$ としては $[0,1]$ 区間で 1 から 0 へと単調に減少する関数、$\phi_1(x_1)$ としては 0 から 1 へと単調に増加する関数を、いろいろと選ぶ自由度がある。関数の選択によって、文字の見分けが容易になったり困難になったりするので、いろいろな関数を割り当てて「遊んでみる」のも良い。

8.2 判別関数

画像 $\boldsymbol{x}$ に描かれた数字を自動的に読み取る手段として、**判別関数** $f^{(\ell)}(\boldsymbol{x})$ を使ってみる。$f^{(0)}(\boldsymbol{x})$ から $f^{(9)}(\boldsymbol{x})$ まで 10 個の判別関数が、与えられた画像 $\boldsymbol{x}$ に対して、それぞれ実数の値を返してくるとしよう。そして

- 最も大きな値を戻した $f^{(\ell)}(\boldsymbol{x})$ の ℓ を数字の読みとする

仕組みだ。「誰が見ても ℓ と読める数字」に対して、対応する $f^{(\ell)}(\boldsymbol{x})$ が他の 9 個の $f^{(\ell' \neq \ell)}(\boldsymbol{x})$ より明らかに大きな値を取る、そんな判別関数のセットが得られれば、効果的な手書き数字認識が実現できたことになる。数ある判別関数の作り方から、とある M 脚テンソル $\Psi^{(\ell)}_{abcdefgh\cdots}$ と $\Phi(\boldsymbol{x})$ の縮約

$$f^{(\ell)}(\boldsymbol{x}) = \sum_{abcdefgh\cdots} \Psi^{(\ell)}_{abcdefgh\cdots} \, \phi_a \phi_b \phi_c \phi_d \phi_e \phi_f \phi_g \phi_h \cdots \qquad (8.5)$$

を使うアプローチに着目する。肩に記したラベル (ℓ) をテンソルの脚として扱うことも可能だけれども、以下の説明では単なるラベルのままの扱いとする。ダイアグラムも描いておこう。図形の上側に横たわっている、長い M 脚テンソルが $\Psi^{(\ell)}$ である。

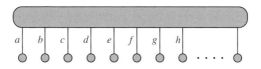

【**量子力学の記法**】　すでに量子力学を習っていれば、式 (8.2) と式 (8.3) を局所的な**重ね合わせ**

$$|\phi_j\rangle = \left(\cos\frac{\pi x_j}{2}\right)|0\rangle + \left(\sin\frac{\pi x_j}{2}\right)|1\rangle \qquad (8.6)$$

で表記して、式 (8.4) を次の直積で与える方が理解しやすいだろう。

$$|\Phi(\boldsymbol{x})\rangle = |\phi_1(x_1)\rangle \, |\phi_2(x_2)\rangle \, \cdots \, |\phi_M(x_M)\rangle \qquad (8.7)$$

式 (8.5) の判別関数は $f^{(\ell)}(\boldsymbol{x}) = \langle\Psi^{(\ell)}|\Phi(\boldsymbol{x})\rangle$ と、**内積の形**になる。

式 (8.5) によって与えられる判別関数 $f^{(\ell)}(\boldsymbol{x})$ を**効率よく使える**ように するには、$\Psi^{(0)}$ から $\Psi^{(9)}$ までの 10 個の M 脚テンソルそれぞれに、数字 の読みを**学習させる**必要がある。そのプロセスを追ってみよう。

まず、学習のために使う N 枚の数字の画像を用意して、それぞれを $\boldsymbol{x}^{[1]}$ から $\boldsymbol{x}^{[N]}$ で表す。n 番目の画像 $\boldsymbol{x}^{[n]}$ の正しい読み (0 から 9 までの整数値) を $L^{[n]}$ で表そう。判別関数 $f^{(\ell)}(\boldsymbol{x})$ として、例えば

- $\ell = L^{[n]}$ であれば $f^{(\ell)}(\boldsymbol{x}^{[n]})$ が 1 に近い値となり
- $\ell \neq L^{[n]}$ であれば $f^{(\ell)}(\boldsymbol{x}^{[n]})$ が 0 に近い値となる

という、$\delta_{\ell L^{[n]}}$ に近い値を得るならば、判別はうまく行われるだろう。この 状況下では、食い違いの大きさを表す **2 乗コスト**

$$C^{(\ell)} = \frac{1}{2}\sum_{n=1}^{N}\Big(f^{(\ell)}(\boldsymbol{x}^{[n]}) - \delta_{\ell L^{[n]}}\Big)^2 = \frac{1}{2}\sum_{n=1}^{N}\Big(\langle\,\Psi^{(\ell)}\,|\,\Phi(\boldsymbol{x}^{[n]})\,\rangle - \delta_{\ell L^{[n]}}\Big)^2 \quad (8.8)$$

も、$C^{(0)}$ から $C^{(9)}$ それぞれについて小さな値に抑えられている。$\Psi^{(\ell)}$ が $C^{(\ell)}$ を**最小化する**ものであれば、2^M 個ある要素それぞれについて、次の **停留条件**が成立するはずだ。 (式の変形の過程で、式 (8.5) を使った。)

$$0 = \frac{\partial C^{(\ell)}}{\partial \Psi^{(\ell)}_{abcd\cdots}} = \sum_{n=1}^{N}\Big(f^{(\ell)}(\boldsymbol{x}^{[n]}) - \delta_{\ell L^{[n]}}\Big)\Phi_{abcd\cdots}(\boldsymbol{x}^{[n]}) \quad (8.9)$$

右辺に再び式 (8.5) を代入して計算を進めると、2^M 次連立方程式の形

$$\sum_{a'b'c'd'\cdots}\Psi^{(\ell)}_{a'b'c'd'\cdots}\sum_{n=1}^{N}\Phi_{a'b'c'd'\cdots}(\boldsymbol{x}^{[n]})\,\Phi_{abcd\cdots}(\boldsymbol{x}^{[n]}) = \sum_{n=1}^{N}\delta_{\ell L^{[n]}}\,\Phi_{abcd\cdots}(\boldsymbol{x}^{[n]})$$
$$(8.10)$$

へと式変形できる。左辺は 2^M 次元行列を 2^M 次元ベクトル $\Psi^{(\ell)}$ にかけ た形になっていて、右辺は 2^M 次元ベクトルだ。形式上は、逆行列を求め ることによって最適な $\Psi^{(\ell)}$ を導出できるのだけれども、$M = 196$ の場合 には $2^{196} \sim 10^{59}$ 次元もの線形問題となり、そもそも $\Psi^{(\ell)}$ の要素ですら、 計算機に格納し切れない。M 脚テンソル $\Psi^{(\ell)}$ をそのまま扱うには無理が あり、まずは $\Psi^{(\ell)}$ を**テンソルネットワークで表現する**必要がある。

8.3 行列積の導入

$\Psi^{(\ell)}$ を表すテンソルネットワークにはさまざまな候補が考えられる。その中から、Schwab と Stoudenmire は数値計算の取り扱いが容易であり、精度の確保にも優れている**行列積**を選択した。彼らは $\Psi^{(\ell)}$ の肩文字 $^{(\ell)}$ もテンソルの脚として扱い、$M+1$ 脚テンソルを行列積で表現している。以下の説明では数式が煩雑にならないよう、それぞれの ℓ に対して個別に

$$\Psi^{(\ell)}_{abcdefgh\cdots} = \sum_{\xi\mu\nu\rho\cdots} A^b_{a\xi}\, A^c_{\xi\mu}\, A^d_{\mu\nu}\, D_\nu\, B^{\;e}_{\nu\rho}\, B^{\;f}_{\rho\sigma}\, B^{\;g}_{\sigma\eta}\, B^{\;h}_{\eta\tau}\cdots \tag{8.11}$$

と、行列積の形で「M 脚テンソル」としての $\Psi^{(\ell)}$ を表すことにする。右辺にはラベル $^{(\ell)}$ を明示していないけれども、$\ell=0$ に対する行列積、$\ell=1$ に対する行列積、…、$\ell=9$ に対する行列積のように、合わせて 10 個の異なる行列積を用意するわけだ。特異値はどこにあってもよくて、上式では D_ν の位置にある場合を記した。ギリシア文字で示した脚は、自由度が χ 以下に制限されている。このように、**ランクが抑えられた行列積**の範囲に $\Psi^{(\ell)}$ を限定しても充分に実用的な判別関数を構成できる。例えば $\chi=10$ 程度でもそこそこ判別が可能だ。より効率が高い判定を行う目的で $\chi=100$ まで自由度を増したとしても、数値計算はまだまだ軽い。

行列積で表現された $\Psi^{(\ell)}$ を使うと、画像 $\boldsymbol{x}^{[n]}$ に対する判別関数は

$$f^{(\ell)}(\boldsymbol{x}^{[n]}) = \sum_{abcd\cdots} \sum_{\xi\mu\nu\rho\cdots} A^b_{a\xi}\, A^c_{\xi\mu}\, A^d_{\mu\nu}\, D_\nu\, B^{\;e}_{\nu\rho}\, B^{\;f}_{\rho\sigma}\, B^{\;g}_{\sigma\eta}\, B^{\;h}_{\eta\tau}\cdots \tag{8.12}$$
$$\times\, \phi_a(x_1^{[n]})\, \phi_b(x_2^{[n]})\, \phi_c(x_3^{[n]})\, \phi_d(x_4^{[n]})\, \phi_e(x_5^{[n]})\, \phi_f(x_6^{[n]})\, \phi_g(x_7^{[n]})\, \phi_h(x_8^{[n]})\cdots$$

という、**局所的な計算が可能な形**で表せる。これから先はしばらく、特定の ℓ を 1 つ選んで式変形を続けよう。ダイアグラムを眺めてわかるように、

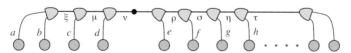

テンソルが直線的に結ばれているだけなので、例えば左端から

$$E^{[n]}_\xi = \sum_{ab} \phi_a(x_1^{[n]})\, \phi_b(x_2^{[n]})\, A^b_{a\xi}\,, \quad E^{[n]}_\mu = \sum_{\xi c} E^{[n]}_\xi\, \phi_c(x_3^{[n]})\, A^c_{\xi\mu}\,, \cdots$$

$$\tag{8.13}$$

と順に**部分和**が計算できて、続く $E_\mu^{[n]}$, $E_\nu^{[n]}$ も同様に求められる。それぞれ $x^{[n]}$ の関数になっているので、ラベル $[n]$ を付けた。(一方で、ラベル (ℓ) は省略してある。) 同じように右端からも順番に

$$\cdots, \quad F_\rho^{[n]} = \sum_{\sigma f} B_{\rho\sigma}^{\ f}\, \phi_f(x_6^{[n]})\, F_\sigma^{[n]}, \quad F_\nu^{[n]} = \sum_{\rho e} B_{\nu\rho}^{\ e}\, \phi_e(x_5^{[n]})\, F_\rho^{[n]} \tag{8.14}$$

と部分和を求められる。これらの部分和は後で再利用できるので、計算機のどこかに保存しておく。こうして、少ない計算量で判別関数の値

$$f^{(\ell)}(\boldsymbol{x}^{[n]}) = \sum_\nu E_\nu^{[n]}\, D_\nu\, F_\nu^{[n]} \tag{8.15}$$

が得られる点が、自由度 χ の行列積を使うメリットだ。

3 脚テンソルの更新

行列積を使って構成された式 (8.15) の判別関数の良し悪しは、行列積を構成する 3 脚テンソルそれぞれが共同して担っている。数字の読みの学習は、3 脚テンソルを少しずつ改良していくことで行われる。D_ν, $B_{\nu\rho}^{\ e}$, $B_{\rho\sigma}^{\ f}$ を改良する手順を考えてみよう。下準備として、これらの間で部分和

$$Y_{\nu\sigma}^{ef} = \sum_\rho D_\nu\, B_{\nu\rho}^{\ e}\, B_{\rho\sigma}^{\ f} \tag{8.16}$$

を取り、4 脚テンソル $Y_{\nu\sigma}^{ef}$ を作る。判別関数は次のように表され、

$$f^{(\ell)}(\boldsymbol{x}^{[n]}) = \sum_{\nu e f \sigma} \left[E_\nu^{[n]}\, Y_{\nu\sigma}^{ef}\, F_\sigma^{[n]} \right] \phi_e(x_5^{[n]})\, \phi_f(x_6^{[n]}) \tag{8.17}$$

ダイアグラムは右図のようになる。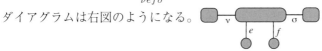

式 (8.8) の $C^{(\ell)} = \dfrac{1}{2} \sum_{n=1}^{N} \left(f^{(\ell)}(\boldsymbol{x}^{[n]}) - \delta_{\ell L^{[n]}} \right)^2$ が $Y_{\nu\sigma}^{ef}$ の変化に対して

$$\frac{\partial C^{(\ell)}}{\partial Y_{\nu\sigma}^{ef}} = \sum_{n=1}^{N} \left(f^{(\ell)}(\boldsymbol{x}^{[n]}) - \delta_{\ell L^{[n]}} \right) E_\nu^{[n]}\, \phi_e(x_5^{[n]})\, \phi_f(x_6^{[n]})\, F_\sigma^{[n]} \tag{8.18}$$

だけ変化することが重要だ。これは $Y_{\nu\sigma}^{ef}$ に対する $C^{(\ell)}$ の**勾配**を表している。従って、適当に小さな定数 $\alpha > 0$ を定めて

$$Y_{\nu\sigma}'^{ef} = Y_{\nu\sigma}^{ef} - \alpha \frac{\partial C^{(\ell)}}{\partial Y_{\nu\sigma}^{ef}} \tag{8.19}$$

と 4 脚テンソルを**微小変化**させると、得られた $Y'^{ef}_{\nu\sigma}$ を式 (8.17) に代入して得た $f^{(\ell)}(x^{[n]})$ が、より小さな $C^{(\ell)}$ を与えることが期待できる。これが $\Psi^{(\ell)}$ に対する局所的な学習の過程として、最も重要な部分である。うまく α の値を調整しつつ微小変化を何回か繰り返すと、4 脚テンソルを変化させる範囲の中での $C^{(\ell)}$ の「許容できる程度に小さな値」と、それに対応する 4 脚テンソル $Y''^{ef}_{\nu\sigma}$ に行き着く。

【最小でなくても良い】 より良い 4 脚テンソル $Y''^{ef}_{\nu\sigma}$ を求める方法はいくつもあって、**共役傾斜法**を使ってみたり、**一般化固有値問題**へと追い込んでみたりもできる。行列積を構成する 3 脚テンソルそれぞれを少しずつ改良していけば良いので、4 脚テンソルの局所的な変化「のみ」を通じる形で急いで $C^{(\ell)}$ を最小化する必要はない。

$C^{(\ell)}$ を小さく抑える $Y''^{ef}_{\nu\sigma}$ が得られれば、特異値分解して行列積の形

$$Y''^{ef}_{\nu\sigma} = \sum_\rho A^e_{\nu\rho} D_\rho B^f_{\rho\sigma} \tag{8.20}$$

に戻しておこう。(右辺ではダッシュ記号を省略した。) ρ の自由度はここで χ 以下に制限する。式変形の途中経過は、式 (7.34) と同じだ。**更新された部分**をカッコでくくって行列積全体を明示すると、次式のとおりになる。

$$\Psi^{(\ell)}_{abcdefgh\cdots} = \sum_{\xi\mu\nu\rho\cdots} A^b_{a\xi} A^c_{\xi\mu} A^d_{\mu\nu} \left[A^e_{\nu\rho} D_\rho B^f_{\rho\sigma} \right] B^g_{\sigma\eta} B^h_{\eta\tau} \cdots \tag{8.21}$$

式 (8.11) と見比べると、特異値の位置が右に移動していることがわかるだろう。新たに $A^e_{\nu\rho}$ が付け加わったことから、$E^{[n]}_\rho = \sum_{\nu e} E^{[n]}_\nu \phi_e(x^{[n]}_5) A^e_{\nu\rho}$ を求めておく。ここまでが、式 (8.16) から続く行列積の局所的な更新だ。

続いては $Y^{fg}_{\rho\eta} = \sum_\sigma D_\rho B^f_{\rho\sigma} B^g_{\sigma\eta}$ と 4 脚テンソルを求め、この部分の更新を進めていくことになる。その次、その次と行列積の更新を右端まで行ったならば、今度は右端から左端へと 3 脚テンソルの更新を進める。この手順は後で紹介する**密度行列繰り込み群**の Zipping と呼ばれる計算手続きとよく似ている。行列積全体にわたって数往復すると 2 乗コスト $C^{(\ell)}$ がかなり減少して、$\Psi^{(\ell)}$ を使った判別関数 $\Psi^{(\ell)}$ が「使い物になる」ようになる。

8.4 実際的な数字の読み取り効率

　以上が N 枚の画像 $x^{[1]}$ から $x^{[N]}$ までを使った学習のプロセスだ。学習の効果を確かめるには、新たに $N+1$ 枚目以降の画像 $x^{[n>N]}$ を用意して、判別関数 $f^{(\ell)}(x^{[n>N]})$ の最大値を与える ℓ が数字の正しい読みと一致しているかを次々と調べれば良い。Stoudenmire と Schwab によると、標準的な数字画像のセット **MNIST** に対して、誤読率は $\chi = 10$ で 5 ％、$\chi = 20$ で 2 ％、$\chi = 120$ ではわずかに 0.97 ％ であった。

　もっと χ を大きく取れば誤読率も減って ... という方向へと改善を進めることは可能だ。ちなみに、**ディープラーニング**などさまざまな AI のアプローチによって 0.2 ％ などという数字も得られている。但し、計算量の増加に見合った結果が得られているかは、思案する必要がある。それ以前にまず、上述の MNIST と呼ばれる数字画像のセットは「かなり酷く書き殴った数字」が数多く含まれていて、そんな画像を見たこともない人に提示した場合に 1 ％ の誤読率で済むかどうかは、かなり怪しい。

- 人間が書いた文字を人間よりも正確に読み取るとは、これいかに?

この辺りは統計に基づいて丁寧に議論しないと水掛け論や怪しい哲学に終始するので、深入りしないでおこう。加えて、χ を増やせば増やすほど、いわゆる**過学習**に陥るのではないか? という懸念もある。むしろ、行列積以外の結合を持ったテンソルネットワークを試してみることが建設的な方向で、行列積を包含する木構造を使ったものや、2 次元的な結合を持つもの（13 章）などの導入も試されつつある。

> **【張量網絡】**　章の冒頭で図示した陶板の読みは、書くまでもないけれども「てんそるねとわ～く」であった。テンソルネットワークが中国語で張量網絡と書かれていたら、漢字は読めても意味は把握できないだろう。簡体字ならば尚更だ。機械学習にテンソルネットワークを使う試みでは、中国からの文献が質量ともに他国を卓越しつつあって、張量網絡の 4 文字の検索ヒット数がどんどん伸びている。

第**9**章　行列積演算子と制限ボルツマンマシン

　機械学習で行われる「学習」のプロセスの多くは、考慮する物理対象について数多くある状態や組み合わせのうちから、**頻出するもの**を把握することである。テンソルネットワークを使った確率の表現について、引き続き考えよう。前章では 0 と 1 を取り得る変数が一列に並んだ多脚テンソル $\Psi^{(\ell)}_{abcdef\cdots}$ が、**何らかの確率**を表す例を取り扱った。機械学習では、**転送行列**のように、脚が二列に並んだ多脚テンソル $T^{opqrst\cdots}_{abcdef\cdots}$ もよく扱う。

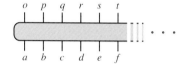

縦に並ぶ脚を 2 つずつまとめて扱い、端から特異値分解を行うと、この多脚テンソルを行列積の形へと分解できる。例えば左正準な形

$$T^{opqrst\cdots}_{abcdef\cdots} = \sum_{\xi\mu\nu\rho\sigma\cdots} A^{ao}_{\xi} A^{bp}_{\xi\mu} A^{cq}_{\mu\nu} A^{dr}_{\nu\rho} A^{es}_{\rho\sigma} \cdots \tag{9.1}$$

を考えよう。但し ^{ao} や ^{bp} などは、それぞれ 2 つの脚をひと組にして取り扱った。式 (9.1) をダイアグラムに描いてみよう。

任意の $T^{opqrst\cdots}_{abcdef\cdots}$ に対して、式 (9.1) の分解を正確に行うには、ξ は 4 自由度、μ は 4^2 自由度、ν は 4^3 自由度と、指数関数的に自由度を増やす必要がある。これら、ギリシア文字で示した脚それぞれには、対応する特異値 D_ξ, D_μ, D_ν が隠れていて、右正準な部分と左正準な部分の**継ぎ目**に 1 つだけが明示的に現れる。

【行列積演算子】　上図のように、横一列につながったテンソルの上下に脚が出たものは統計力学の慣習に従って、単に**転送行列**と呼んでも良いものだ。量子力学とのアナロジーから、**行列積演算子** (Matrix Product Operator, **MPO**) と呼ばれることもある。

9.1 制限ボルツマンマシン

　機械学習で頻出する事象を把握する第一歩は「与えられた確率を真似る」ことから始まる。試験問題はよく出るものに**山を張って**学習するものだとか、真似て書けない文字は学習もできないとか、いろいろな説明を耳にする。真似ることの効用については機械学習の専門書に譲ることにして、ここでは具体例として、0 または 1 の値を取る変数の並びが**現れる確率** $\Psi_{abcdef\cdots}$ が、多脚テンソルの**部分的なトレース**

$$\Psi_{abcdef\cdots} = \sum_{opqrst\cdots} T^{opqrst\cdots}_{abcdef\cdots} \tag{9.2}$$

で与えられる場合に着目する。$opqrst\cdots$ のように和が取られてしまって、最終的な確率に顔を出さない脚は**隠れ変数**と呼ばれる。これに対し、最後まで明示的に残る $abcdef\cdots$ は**可視変数**と呼ばれる。

　ボルツマンマシンは、確率分布を 2 脚テンソルの積で表す模型である。隠れ変数と可視変数を持ち、両者の間でのみ 2 脚テンソルの結合を持つ場合には結合に制約があるので、**制限ボルツマンマシン**と呼ばれる。式 (9.2) の $T^{opqrst\cdots}_{abcdef\cdots}$ が、このように表される模式図を描こう。

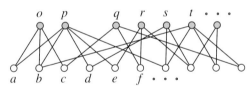

この図はテンソルネットワークのダイアグラムではない。白丸が可視変数を、灰色の丸が隠れ変数をそれぞれ表している。白丸と灰色の丸の数の、どちらが多いかは使用目的によって変わってくる。変数の図中での相対的な位置は重要ではなく、白丸と灰色の丸を結ぶ線で表される 2 脚テンソル W の結合が機能的には重要である。上図に描かれた範囲では次の形

$$T^{opqrst\cdots}_{abcdef\cdots} = \left(W^o_a W^p_a\right)\left(W^o_b W^p_b W^t_b\right)\left(W^o_c W^q_c\right)\left(W^p_d W^s_d\right)\left(W^p_e W^r_e\right)\cdots \tag{9.3}$$

で $T^{opqrst\cdots}_{abcdef\cdots}$ が与えられている。右辺の 2 脚テンソルは脚によって区別しているので、W^o_a と W^p_a は異なるものだ。この例はかなり単純な場合で、実際的な応用の場面では、もっと結合の本数が多いものを取り扱う。

> **【ボルツマン因子】** それぞれの 2 脚テンソルは $W_0^0, W_0^1, W_1^0, W_1^1$ の 4
> つの値を持っていて、これが制限ボルツマンマシンに含まれる**調整可能な**
> **パラメター**である。W_a^p が持つ 4 つの値に同じ定数をかけても、式 (9.3)
> が与える確率は（規格化因子を除き）変わらない。本質的な自由度は 3 個し
> かないので、通常は $W_a^p = e^{-\alpha a - \beta b - wap}$ と、α, β, w の 3 変数を与えて
> W_a^p を定める。（但し α は可視変数、β は隠れ変数ごとに同じ値に取っても一般性を失
> わない。）これが統計力学の**ボルツマン因子**の形になっていることが、ボル
> ツマンマシンの名前の由来である。

式 (9.3) の右辺のように制限された形の数式を通じて、可視変数に対して
実用的な確率 $\Psi_{abcdef\cdots}$ を表現し得るのか疑問に感じるかもしれない。実
は、隠れ変数を（ばかばかしいほど）たくさん用意すれば、任意の確率を表現
できることがわかっている。制限ボルツマンマシンの取り扱いで特徴的な
ことは、2 脚テンソルの因子に分けた式 (9.3) 右辺の形で計算を進め、左辺
の $T_{abcdef\cdots}^{opqrst\cdots}$ を直接的には持たない点だ。そもそも $T_{abcdef\cdots}^{opqrst\cdots}$ の要素は多す
ぎて、とても計算機に格納し切れない。

可視変数の間を直接的に結ぶ 2 脚テンソルを含めないことには、計算上
の利点がある。例えば可視変数 b についての**相対的な確率**は、直接的に W
で結ばれている隠れ変数 o, p, t の値が定まっている場合には

$$P_b = W_b^o W_b^p W_b^t \tag{9.4}$$

という形で表せ、とても少ない計算量で求められる。この特徴により、隠
れ変数を定めておいて可視変数を**モンテカルロ・シミュレーション**などを
通じて確率的に定めることができる。逆に、このようにして得られた可視
変数を固定しておいて、隠れ変数を確率的に定めることも可能だ。可視変
数と隠れ変数を交互に定めていくと、結果的に式 (9.3) の右辺で表される
確率に準じた**アンサンブル**が得られる。この確率過程は制限ボルツマンマ
シンで行う数値計算の、典型的な例である。2 脚テンソル W それぞれの最
適化もこのような過程を通じて、計算量や試行回数が現実的な範囲の中で
行われる。さて、$T_{abcdef\cdots}^{opqrst\cdots}$ を何らかの形のテンソルネットワークで表現し
た場合、同じように「軽い計算」が可能だろうか?

9.2 行列積演算子への分解

（繰り返しになるけれども）何らかの数値解析手段としてテンソルネットワークの利用を検討する際には、実際的な数値計算の手順を明示的に与えられるかどうかを棚上げして、数式の上で多脚テンソルがどのように表現され得るかという、可能性のみをまず確認することが多い。うまい表現方法が見つかったならば、その事実にモチベーションを得て、苦労して数値計算の手順を考えるという運びとなるのだ。

さて、式 (9.3) で与えられた制限ボルツマンマシンの重率 $T^{opqrst\cdots}_{abcdef\cdots}$ は、式 (9.1) のように特異値分解を通じて、一応は行列積演算子の形に分解できる。但し、上下に並ぶ脚 ^o_a や ^p_b や ^q_c などを、そのままの順番で取り扱うことが妥当であるかは検討の余地がある。前節で示した制限ボルツマンマシンの図は、遠くを結ぶ線が多くならないよう都合良く変数の順番を入れ換えて、改めて左から $_{abcd\cdots}$ および $^{opqr\cdots}$ と変数の文字を打ち直したものだと考えておこう。そして、下図に縦の点線で描いたように仕切りを設定しよう。

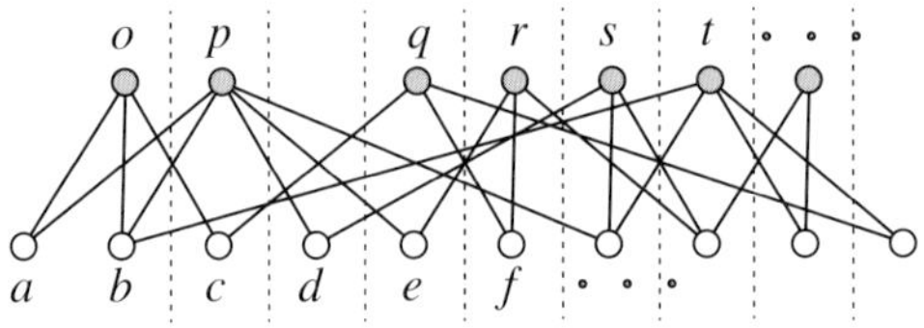

点線と隣の点線の間には「適当に」可視変数と隠れ変数を置いてある。この置き方にはさまざまな選択があり得て、隣り合う仕切りの間に可視変数または隠れ変数が**ない場所**があっても良いし、複数個入っていても良い。変数の並び順と仕切りが（暫定的にでも）決まれば、特異値分解を通じて

$$T^{opqrst\cdots}_{abcdef\cdots} = \sum_{\xi\mu\nu\rho\sigma\cdots} A^{abo}_{\xi} A^{cp}_{\xi\mu} A^{d}_{\mu\nu} A^{eq}_{\nu\rho} A^{fr}_{\rho\sigma} \cdots \tag{9.5}$$

と、行列積演算子へと形式的に持ち込める。上図のように左端の区間には 3 個の変数があり、右辺に並ぶテンソルは A^{abo}_{ξ} から始まる。ギリシア文字で表される**補助変数**を下付きの脚、可視変数と隠れ変数を上付きの脚とした。また、図中で $_d$ の真上には隠れ変数がないので、$A^{d}_{\mu\nu}$ は 3 脚テンソルになる。

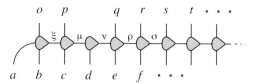

　式 (9.5) の右辺をダイアグラムで表すと、上図のとおりとなる。横に伸びる線で表された**補助変数**に、どれだけの自由度を確保する必要があるかは、制限ボルツマンマシンの結合に関係していて、ξ に $2^3 = 8$ 自由度、μ に $2^5 = 32$ 自由度、ν に $2^6 = 64$ 自由度が必要であるとは限らない。$\cdots A_{\nu\rho}^{eq}$ と $A_{\rho\sigma}^{fr} \cdots$ の間を取り持つ補助変数 ρ について考えてみよう。この境界をまたいでいる W による結合は、下図に描いた 6 本の線で表されるものだけだ。

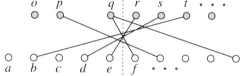

仮に点線と交差する線が 1 本も無ければ、点線を境にして左側と右側は独立となり、$T_{abcdef\cdots}^{opqrst\cdots}$ は $T'^{\,opq}_{\,abcde} \, T''^{rst\cdots}_{fgh\cdots}$ のように自明な直積となっている。この場合には ρ は 1 自由度で充分だ。点線と交差する実線が 1 本増えるごとに、特異値分解で得られる（0 ではない）特異値の**数の上限**が 2 倍になっていく。図のように 6 本が交わる場合には最大で $2^6 = 64$ 個の自由度を ρ に割り当てる必要がある。仕切りの左側にある変数の数から想定される $2^8 = 256$ よりも小さな値であることには注意しよう。

　制限ボルツマンマシンの実際的な応用では、とても多数の W が仕切りを横切るので、行列積演算子へと正確に変形するには、大きな自由度をギリシア文字の補助変数に与える必要がある。但し、それぞれの分割の場所で得られる特異値は、一般には速やかな減衰を示すことが多く、対応するギリシア文字の脚をより小さな自由度 χ まで落とす**低ランク近似**を有効に導入できる可能性が高い。（特異値の減衰が遅い場合には、予め設定した可視変数と隠れ変数の順番や仕切り方が適切ではない可能性がある。）ひとまずは式 (9.5) で与えられる、脚の個数が場所によって変わり得る行列積演算子によって、制限ボルツマンマシンと同等の表現ができることを仮定して、どのような計算が可能であるかを考えていこう。

9.3 行列積演算子の使い方

式 (9.5) の行列積演算子で、隠れ変数それぞれが 0 か 1 の値に定まっている条件の下では、可視変数の出現確率が直ちに行列積の形で与えられる。例えば $opqrst\cdots$ が $110010\cdots$ であるならば、単に代入するだけで行列積

$$T_{abcdef\cdots}^{110010\cdots} = \sum_{\xi\mu\nu\rho\sigma\cdots} A_\xi^{ab1} A_{\xi\mu}^{c1} A_{\mu\nu}^d A_{\nu\rho}^{e0} A_{\rho\sigma}^{f0} \cdots \qquad (9.6)$$

を形式的に得る。ダイアグラムでは次のように描ける。

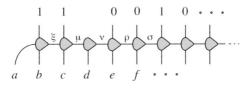

式 (9.6) の**条件付き確率** $T_{abcdef\cdots}^{110010\cdots}$ に従って、可視変数の値 $abcdef\cdots$ を**確率的に決定する**手順を考えてみよう。必要な計算の量は、あまり手間のかからない範囲で小さく抑えることが大切だ。後の都合で、とりあえず左から順番に部分和を求めて、計算機上に保存しておこう。

$$E_\xi = \sum_{ab} A_\xi^{ab1}, \quad E_\mu = \sum_{\xi c} E_\xi A_{\xi\mu}^{c1}, \quad E_\nu = \sum_{\mu d} E_\mu A_{\mu\nu}^d, \quad \cdots \qquad (9.7)$$

同じように、右側からも順番に部分和を求めて、保存しておく。

$$\cdots, \ F_\nu = \sum_{\rho e} A_{\nu\rho}^{e0} F_\rho, \quad F_\mu = \sum_{\nu d} A_{\mu\nu}^d F_\nu, \quad F_\xi = \sum_{\mu c} A_{\xi\mu}^{c1} F_\mu \qquad (9.8)$$

式 (9.5) の行列積演算子が低ランク近似されたものであれば、これらの計算は可視変数や隠れ変数の数 (の大きい方) N に、ほぼ比例する時間で完了できる。ここまで準備しておくと、条件付き確率 $T_{abcdef\cdots}^{110010\cdots}$ に従って、可視変数の値を**確率的に決定**できる。まず、確率

$$P^{ab} = \sum_\xi A_\xi^{ab1} F_\xi \qquad (9.9)$$

を求め、これに従って ab の値を決める。確率は相対的なものなので、必要があれば規格化して取り扱う。ここでは ab の値が 10 と決定されたとしよ

う。これに従って $E'_\xi = A^{101}_\xi$ を作ると、右隣の可視変数についても確率

$$P^c = \sum_{\xi\mu} E'_\xi \, A^{c1}_{\xi\mu} F_\mu \tag{9.10}$$

を求めて、これに従って c の値を確率的に決定できる。ここでは 0 が選ばれたとしよう。そして新たな部分和 $E'_\mu = \sum_\xi E'_\xi A^{01}_{\xi\mu}$ を作ると、さらに

$$P^d = \sum_{\mu\nu} E'_\mu A^d_{\mu\nu} F_\nu \tag{9.11}$$

と、右隣の確率を得る。同じように計算を繰り返して、可視変数を左側から 1 つずつ確率的に決定していけることは明らかだろう。同様に、右端から値を定めていくこともできて、この場合には式 (9.7) で求めた部分和 E と、可視変数を 1 つ決定するごとに新たに求める F' を確率の計算過程で使うことになる。（以上とは逆に可視変数の値を与え、その後に隠れ変数を確率的に決定することも可能だ。）

【計算量】　式 (9.10) や式 (9.11) には、ギリシア文字で表した χ 自由度の補助変数が 2 つ含まれる。可視あるいは隠れ変数が M 個あれば、これを全て決定するには $M\chi^2$ 回程度の計算が必要となる。但し、χ の値が一般には M とともに少しずつ増加する点には注意を払う必要がある。

　ついでながら、式 (9.5) の行列積演算子に対して式 (9.2) のように隠れ変数の和を取る計算も、同様に少ない計算量で可能である。局所的な和を

$$\Psi_{abcdef\cdots} = \sum_{\xi\mu\nu\rho\sigma\cdots} \left[\sum_o A^{abo}_\xi\right]\left[\sum_p A^{cp}_{\xi\mu}\right] A^d_{\mu\nu}\left[\sum_q A^{eq}_{\nu\rho}\right]\left[\sum_r A^{fr}_{\rho\sigma}\right]\cdots \tag{9.12}$$

と、それぞれのテンソルについて取れば、下図にダイアグラムで示すように自然に行列積の形となる。（和を取って得られた 3 脚テンソルを少し暗めに表した。）

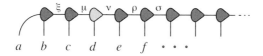

9.4 学習の方法

制限ボルツマンマシンから行列積演算子を考え始めたのだけれども、行列積演算子から出発して何らかの学習に使う方法を模索することも可能だ。一例として、Guo らが文献 arXiv:1803.10908 で提唱したものを紹介しよう。$n = 1$ から $n = N$ でラベル付けされた N 個の直積

$$\Psi_{abcdef\cdots}^{[n]} = \psi_a^{[n]} \psi_b^{[n]} \psi_c^{[n]} \psi_d^{[n]} \psi_e^{[n]} \psi_f^{[n]} \cdots \tag{9.13}$$

が**入力**として学習用に与えられ、それぞれについて直積の**出力**

$$\Phi_{opqrst\cdots}^{[n]} = \phi_o^{[n]} \phi_p^{[n]} \phi_q^{[n]} \phi_r^{[n]} \phi_s^{[n]} \phi_t^{[n]} \cdots \tag{9.14}$$

が対応している場合を考える。この対応を転送行列を使って

$$\Phi_{opqrst\cdots}^{[n]} = \sum_{abcdef\cdots} T_{bcdef\cdots}^{opqrst\cdots} \, \Psi_{abcdef\cdots}^{[n]} \tag{9.15}$$

と表すことを念頭に置いて、このような $T_{bcdef\cdots}^{opqrst\cdots}$ **を行列積演算子の形で近似的に得る**ことを、学習の目標に設定する。

行列積演算子は式 (9.1) のように単純な形のものを考えても良いし、都合によっては式 (9.5) のようなものを使っても良い。後者を選んでみよう。$\Psi_{abcdef\cdots}^{[n]}$ が直積であることから、上式の右辺は局所的な計算

$$\sum_{\xi\mu\nu\rho\sigma\cdots\, ab} \sum A_\xi^{abo} \psi_a^{[n]} \psi_b^{[n]} \sum_c A_{\xi\mu}^{cp} \psi_c^{[n]} \sum_d A_{\mu\nu}^{d} \psi_d^{[n]} \sum_e A_{\nu\rho}^{eq} \psi_e^{[n]} \sum_f A_{\rho\sigma}^{fr} \psi_f^{[n]} \cdots$$

$$= \sum_{\xi\mu\nu\rho\sigma\cdots} B_\xi^o \, B_{\xi\mu}^p \, B_{\mu\nu} \, B_{\nu\rho}^q \, B_{\rho\sigma}^r \cdots = Y_{opqrst\cdots}^{[n]} \tag{9.16}$$

となり、行列積で表される $Y_{opqrst\cdots}^{[n]}$ を得る。ダイアグラムも確認しよう。

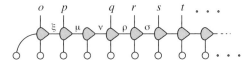

直積である $\Psi_{abcdef\cdots}^{[n]}$ は、丸印の 1 脚テンソルを並べて表した。

テンソル A^{abo}_ξ, $A^{cp}_{\xi\mu}$, $A^d_{\mu\nu}$, $A^{eq}_{\nu\rho}$, $A^{fr}_{\rho\sigma}$, $\cdots$ を何度も**微調整**して、2 乗コスト

$$C = \frac{1}{2} \sum_{n=1}^{N} \sum_{opqrst\cdots} \left[Y^{[n]}_{opqrst\cdots} - \Phi^{[n]}_{opqrst\cdots} \right]^2 \qquad (9.17)$$

を小さく抑えるものが見つかれば、式 (9.15) の $T^{opqrst\cdots}_{abcdef\cdots}$ を行列積演算子で近似的に表すという目的が達成される。この辺りで、本質的には前章で行った行列積の最適化と同じ計算を行なっていることに、気づくだろうか。行列積演算子のダイアグラムを、下図のように少し違った形で描くと、縦に伸びる脚が 2 つずつ組になった行列積にすぎないことがわかるだろう。

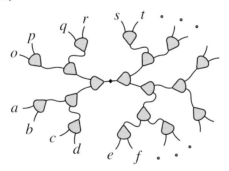

従ってテンソル A の微調整は、前章で考えた手順に従って、逐次的に進めていくことが可能だ。ここから先は繰り返しになるので省略しよう。

木構造を使う場合

転送行列 $T^{opqrst\cdots}_{abcdef\cdots}$ は、下図のように木構造で表すこともできる。

従って木構造も行列積（演算子）と同じように、直交性を持つ 3 脚テンソルから構成されるので、木構造を仮定して式 (9.17) の 2 乗コストを小さくしていく計算もまた、行列積とほとんど同じように局所的に行える。枝分かれのパターンを適切に選ぶことが実際的には大切で、構造が適切であるよう**逐次的に枝分かれを変形していく**こともまた、場合によっては必要となる。

第 **10** 章　　テンソル繰り込み群

　すでに統計力学や統計物理学というキーワードを何度も目にしてきた。この分野では、Kadanoff が 1966 年に提唱した**実空間繰り込み群**が、定性的な計算道具として地道に使われ続けた経緯がある。今世紀に入って Levinと Nave は、計算精度を大きく改善する**テンソル繰り込み群** (arXiv:cond-mat/0611687) を開発し、実空間繰り込み群は精密な計算手段として広く使われるようになった。説明の都合上、まずは Xie らによる**高次特異値分解**を利用した形式 (arXiv:1201.1144) から紹介しよう。

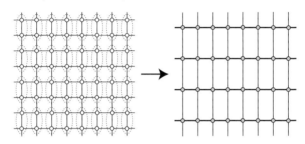

　計算の対象は、3 章で扱った畳の敷き詰め問題など、テンソルが格子を組んだ形の縮約だ。上図左のように、実数値の 4 脚テンソル $W_{a\ \ c}^{\ b}\ _{d}$ が縦にも横にも N 個並んだ縮約 (のテンソルネットワーク) を考えよう。ここでは、脚がそれぞれ 2 自由度の場合を取り扱う。(d 自由度の場合への拡張は容易だろう。) 後の都合から、整数 m によって $N = 2^m$ と書ける大きさの系を扱おう。上図では $m = 3$ で $N = 2^3 = 8$ だ。境界があると扱いが煩雑なので、上図左の上端に出た脚はそれぞれ下端に出た脚とつながり、縮約が取られている**周期境界条件**を仮定する。格子の左端と右端についても同様だ。格子全体で脚の縮約を取って得られる値 (畳の敷き詰めの場合の数など) を $c^{[N]}$ で表そう。縮約を取る脚は合わせて $2N^2$ 個もあって、それぞれの和を忠実に実行して $c^{[N]}$ の値を求める計算は現実的ではない。**部分和**を効率的に取る工夫を、改めて考えてみよう。

　上図左に点線で囲ったように、縦に並ぶ 2 つのテンソルについて**まとめ書き**すると、上図右のように半分の個数のテンソルで縮約 $c^{[N]}$ を表せる。まとめ書きの過程は、以下に図で示すとおりテンソルを縦に重ねて、接続さ

れる脚 d の和を取った上で、下図のとおり $x = 2a + g$ および $y = 2c + e$
と脚をまとめるだけだ。

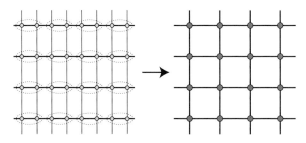

対応する式も書いておこう。b と f の自由度は 2 で、x と y は 4 自由度だ。

$$\sum_d W a \overset{b}{\underset{d}{}} c \; W g \overset{d}{\underset{f}{}} e \; = \; Q \overset{b}{\underset{g}{a}} \overset{c}{\underset{f}{e}} \; = \; W' x \overset{b}{\underset{f}{}} y \tag{10.1}$$

この $W' x \overset{b}{\underset{f}{}} y$ で構成される縮約を、続いて下図左のように横に 2 つずつ
まとめ書きしよう。下図右のように、テンソルの数をさらに半分にできる。

対応する局所的な「まとめ書き」の式は、次のように与えられる。

$$\sum_v W' x \overset{b}{\underset{f}{}} v \; W' v \overset{h}{\underset{i}{}} y \; = \; Q' x \overset{b\,h}{\underset{f\,i}{}} y \; = \; W'' x \overset{z}{\underset{w}{}} y \tag{10.2}$$

ここでは下図のとおり、$z = 2b + h$ および $w = 2f + i$ と脚をまとめた。

結果として、全ての脚が 2 自由度であった $W a \overset{b}{\underset{d}{}} c$ を 4 つ「井の字」に並
べてまとめ書きすることにより、$2^2 = 4$ 自由度の脚を持つ $W'' x \overset{z}{\underset{w}{}} y$ が得
られた。これを縦横に $N/2$ 個並べた縮約で、最初に考えた格子全体の縮約
$c^{[N]}$ を表せる。

以上のように、まとめ書きを「縦、横、縦、横」の順番で繰り返していき、最初の W から次々と $W', W'', W''', \cdots$ を作ってみよう。ダッシュ記号を並べるには限りがあるので、まとめ書きした回数 ℓ を使って

$$W = W^{(0)}, \quad W' = W^{(1)}, \quad W'' = W^{(2)}, \quad W''' = W^{(3)}, \quad \cdots \quad (10.3)$$

と書いてみる。まとめ書きするごとに、格子を組むテンソルの数は半分になるので、最初に図に描いた一辺が $N = 2^3$ の格子の場合、$\ell = 6$ 回目のまとめ書きの後に、ただ 1 つの $W^{(6)}$ だけとなる。この $2^8 = 256$ 自由度の脚を持つ 4 脚テンソルを使えば、周期境界条件に従って

$$c^{[8]} = \sum_{xz} W^{(6)} x \begin{smallmatrix} z \\ z \end{smallmatrix} x \quad (10.4)$$

と上下・左右をそれぞれ接続した縮約の形で、$c^{[8]}$ を表せる。式の形がずいぶんシンプルになった。**部分和**を効率的に作ったことから、上式の右辺の項数は $2^8 \times 2^8 = 2^{16}$ 個に抑えられている。もともとは 2^{128} 個の項があったので、まとめ書きという形で部分和を求めておくだけでも、必要な計算の量がずいぶん減ったことがわかる。

最初に与えた、$W^{(0)}$ が組む格子の大きさ N が大きい場合、まとめ書きを繰り返す途中のある時点で、$W^{(\ell)}$ の要素を計算機に格納し切れなくなり、式 (10.3) のようなテンソル 1 個だけの縮約まで持ち込めなくなる。実は $W^{(6)}$ の要素の数ですら、式 (10.4) では使わない要素まで全て数えると 2^{32} 個もあり、$W^{(6)}$ をそのままの形で取り扱うのはけっこう厳しい。何とかして、4 脚テンソルの自由度を落とす必要がある。

【元祖のまとめたレビュー】　実空間繰り込み群の元祖 Kadanoff らがテンソルネットワークの時代に執筆したレビュー論文がある。(Efrati, Wang, Kolan, Kadanoff: arXiv:1301.6323) 長い期間にわたって繰り込み群の分野を率いてきた著者の視点から、繰り込み群の根本となる考え方を簡潔に述べてあって貴重な文献だ。引用文献もたくさんあるので、孫引きして歴史的な資料を探すのにも便利なものとなっている。計算機の性能が乏しかった頃の人々が、いろいろと考えを巡らせたこともよくわかる。

10.1 繰り込み群変換

$W^{(\ell)}$ が持つ脚の自由度がどんどん大きくなる問題に対して、直交性のある 3 脚テンソルを使った**繰り込み群変換**を経て自由度を逐次的に圧縮していく解決方法がある。（6 章で扱った**角転送行列繰り込み群**と少し似通っている。）以下の説明を簡素にするため、$W^{(\ell)}$ が上下・左右に対称である場合

$$W^{(\ell)}{}_a{}^b{}_d{}_c = W^{(\ell)}{}_a{}^d{}_b{}_c = W^{(\ell)}{}_c{}^b{}_d{}_a \tag{10.5}$$

を考えよう。$W^{(0)}$ がこの対称性を満たしていれば、全ての $W^{(\ell)}$ も自動的に対称となる。非対称な場合には少しだけ手順が増えるけれども、本質的には以下の処方で $c^{[N]}$ の精密な近似値が求められる。

さて、偶数 $\ell = 2n$ での $W^{(2n)}$ を縦に重ねて 6 脚テンソル $Q^{(2n+1)}$

$$\sum_d W^{(2n)}{}_a{}^b{}_d{}_c \, W^{(2n)}{}_g{}^d{}_f{}_e = Q^{(2n+1)}{}_a{}^b{}_g{}^c{}_e{}_f \tag{10.6}$$

を得た時点で、脚 ag と ce に対して高次特異値分解を適用してみよう。

$$Q^{(2n+1)}{}_a{}^b{}_g{}^c{}_e{}_f = \sum_{\xi\mu} U_{ag}{}^{\xi} U_{ce}{}^{\mu} \tilde{W}^{(2n+1)}{}_\xi{}^b{}_f{}^\mu \tag{10.7}$$

これらの式では、脚に使う文字は「使い捨て」で、$W^{(2n)}$ の脚はそれぞれ 2^n 自由度、$\tilde{W}^{(2n+1)}$ の ξ と μ は 2^{n+1} 自由度である。図も描いておこう。

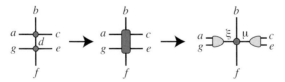

式 (10.7) の変形は 7 章で考えたように、まず左辺の $Q^{(2n+1)}$ の脚を ag と $bcef$ に分けて特異値分解して U_{ag}^{ξ} を得る。残った部分について、脚を ce と ξbf に分けて特異値分解して U_{ce}^{μ} を得て、最後に残った**コアテンソル**を $\tilde{W}^{(2n+1)}$ と書いたものだ。上図のとおり、脚 b と f はそのままだ。式 (10.5) の対称性により、U_{ag}^{ξ} と U_{ce}^{μ} は同じものとなる。形式的には $U^{(2n+1)}$ とラベルを付ける方が良いけれども、見かけが煩雑なので省略した。

$Q^{(2n+1)}$ を横に $N/2^n$ 個、縦に $N/2^{n+1}$ 個並べて、縮約 $c^{[N]}$ を表すこともできる。そこへ、式 (10.7) の高次特異値分解を代入してみよう。縮約を取る格子の一部を抜き出して描くと、下図左のようになる。隣り合う $Q^{(2n+1)}$ の U が結ばれると、直交性 $\sum_{ab} U_{ab}^{\mu} U_{ab}^{\nu} = \delta_{\mu\nu}$ によって U が消えてしまう。(注: U は実数の直交行列である。) 結果として、下図右のように $\tilde{W}^{(2n+1)}$ のみを接続したテンソルネットワークで、縮約 $c^{[N]}$ が表現できてしまう。

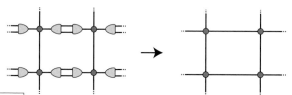

自由度の制限

特異値分解を 2 度繰り返して式 (10.7) の式変形を行った時点で、小さな特異値を無視して脚 ξ や μ の自由度を χ 以下に制限する、$Q^{(2n+1)}$ に対する**低ランク近似** $\bar{Q}^{(2n+1)}$ が導入できる。これは、$\tilde{W}^{(2n+1)}$ の要素のうちで特に小さなものを無視してしまう近似とも見なせる。結果として、上図右の水平に接続された脚の自由度を χ に制限した上で縮約を取る形で、$c^{[N]}$ の精密な近似が得られることがわかる。

続いて、$\tilde{W}^{(2n+1)}$ を 2 **横に並べて部分和を求める**際にも、同じように低ランク近似を導入できる。まずは図を眺めておこう。

上図左から上図中央へは、接続された χ 自由度の脚 ν について縮約

$$\sum_{\nu} \tilde{W}^{(2n+1)}{}_{\xi}{}^{b}{}_{f}{}_{\nu} \; \tilde{W}^{(2n+1)}{}_{\nu}{}^{h}{}_{i}{}_{\mu} = \tilde{Q}^{(2n+2)}{}_{\xi}{}^{b\,h}{}_{f\,i}{}_{\mu} \tag{10.8}$$

を取るだけだ。ここで上図右のように、上下に伸びる脚を分離する形で高次特異値分解を行う。式で表すと、次のようになる。

$$\tilde{Q}^{(2n+2)}{}_{\xi}{}^{b\,h}{}_{f\,i}{}_{\mu} = \sum_{\rho\sigma} U_{fi}^{\rho} U_{bh}^{\sigma} \tilde{W}^{(2n+2)}{}_{\xi}{}^{\sigma}{}_{\rho}{}_{\mu} \tag{10.9}$$

式 (10.5) の対称性により、U_{fi}^{ρ} と U_{bh}^{σ} は同じものであり、これらは式 (10.7) の U とは異なっている。この段階で、コアテンソル $\tilde{W}^{(2n+2)}$ の上下の脚を χ 自由度に制限して $\tilde{Q}^{(2n+2)}$ の低ランク近似 $\bar{Q}^{(2n+2)}$ を作り、これを並べて下図左のように格子を組んでみる。縦に向かい合わせとなった U は直交性によって消えて、下図右のとおり自由度が制限された $\tilde{W}^{(2n+2)}$ のみを縦横に並べた縮約で、求める $c^{[N]}$ が精密に近似できるようになる。

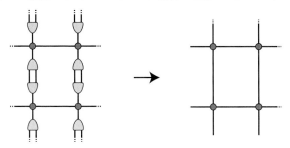

　以上のように、2 つの 4 脚テンソルで部分和を作るごとに高次特異値分解を行い、χ 自由度以下に脚を制限する低ランク近似を繰り返すと、$\tilde{W}^{(\ell)}$, $\tilde{W}^{(\ell+1)}$, $\tilde{W}^{(\ell+2)}$, $\tilde{W}^{(\ell+3)}$, $\cdots$ と χ 自由度の脚を持つ 4 脚テンソルを次々と生成できる。これが、高次テンソル繰り込み群で行われる反復計算である。（「繰り込み群」の用語が登場する理由は次節で説明しよう。）$\ell = 2m$ の時点で $\tilde{W}^{(2m)}$ に対して式 (10.4) の縮約 $\sum_{\xi\rho} \tilde{W}^{(2m)}{}_{\xi}{}^{\rho}{}_{\rho}{}_{\xi}$ を求めると、一辺の長さが $N = 2^m$ の場合の縮約 $c^{[2^m]}$ の近似値が得られる。その精度は、χ を大きくしていくと、速やかに改善される。一方で、必要な計算量も増えていくので、ある程度の χ の値で折り合いを付けるか、あるいは得られた $c^{[2^m]}$ の近似値を、χ に対して**外挿する**必要がある。

　実際の応用では、格子全体にわたる縮約の値 $c^{[N]}$ をそのまま使うことは珍しく、対数を取って最初に並んだ $W^{(0)}$ の総数 N^2 で割ったもの

$$f = \frac{1}{N^2} \log c^{(N)} \tag{10.10}$$

が、$N = 2^m$ の増加とともに、どのように収束していくかを調べることが多い。3 章の式 (3.18) で考えたように、畳の敷き詰め問題では式 (10.10) の値が格子点 1 つあたりの**エントロピー** （の定数倍）となる。

10.2 隠れた木構造

　高次特異値分解を経て、脚の自由度が χ に制限された $\tilde{W}^{(\ell)}$ は、**繰り込まれたもの**と考えて良い。式 (10.7) で得られた 6 脚テンソル $Q^{(2n+1)}$ に対して、次式の左辺のように 3 脚テンソル U_{ag}^{ξ} と U_{ce}^{μ} を使った繰り込み群変換を行うと、式 (10.7) の右辺の代入 <small>(和を取る脚の文字は適当に選ぶ)</small> を経て

$$\sum_{agce} U_{ag}^{\xi} U_{ce}^{\mu} Q^{(2n+1)a\ \ b\ \ c}_{\ \ \ \ g\ \ f\ \ e} = \tilde{W}^{(2n+1)}\xi^{\ \ b}_{\ \ f}{}_{\mu} \tag{10.11}$$

という具合に $\ell = 2n+1$ の $\tilde{W}^{(\ell)}$ が得られるからだ。ダイアグラムで式変形を確認しよう。下図左が式 (10.11) の左辺、下図中央が式 (10.7) 右辺を代入したもので、向かい合う U が消えて下図右が式 (10.11) の右辺となる。

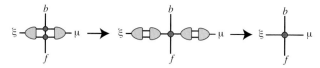

　さて、上図左のような 3 脚テンソル U による変換を全て表に出した形で、$\tilde{W}^{(4)}$ のダイアグラムを描いてみると、下図左のとおりになる。テンソルの脚が縦線・横線となるように、3 脚テンソルは縦横に引き伸ばして描いた。図中に $W^{(0)}$ が 16 個、$\tilde{W}^{(1)}$ が 8 個、$\tilde{W}^{(2)}$ が 4 個、$\tilde{W}^{(3)}$ が 2 個含まれているので、それぞれ探して確認しておくと良い。また、パッと眺めて目につくのが、下図右に抜き出して描いた χ 自由度への**射影**である。射影は 3 種類あって、図中での大きさが同じ射影は互いに等しい。**繰り込み群変換**は、次々と射影を挿入して実行されていたわけだ。

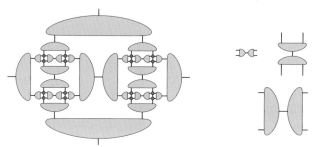

脚の自由度 χ が充分に大きい場合、射影は全て**恒等的なもの**となり、ダイアグラムから抜き去って描ける。$\tilde{W}^{(4)}$ の内部に含まれる射影を抜き去ると、下図左のダイアグラムのようになる。構造がわかりやすいように、下図右に縮めて描き直しておこう。ダイアグラムの内部には、脚のまとめ書きはしていないけれども、$W^{(0)}$ が縦横に 4 つ並んだ $W^{(4)}$ がある。そして、外側から 2 段になった木構造で繰り込み群変換が行われていることがわかる。より一般的に、$\tilde{W}^{(2n)}$ には n 段の木構造が付随している。

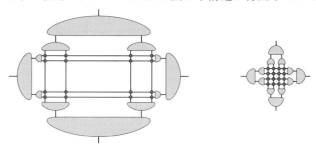

　ダイアグラムの描き方の 1 つに、実際に行う計算に即したものがある。下図左がその例で、$W^{(0)}$ を縦に 2 つ並べて繰り込み群変換を行った $\tilde{W}^{(1)}$ を、すぐ左隣に「コピーして」並べて、繰り込み群変換を行なって $\tilde{W}^{(2)}$ を作り、という過程を、そのまま描いてある。脚の自由度は、最初のうちは繰り込み群変換を行う度に 2 倍になっていき、χ を超えた時点で低ランク近似が始まり、以後は常に χ 自由度となる。以上のように繰り込み群変換を「全て見える形で示す」描き方はいろいろとあって、テンソルネットワーク形式の理解を深めてくれる。（後に導入する環境の構築にも使える。）

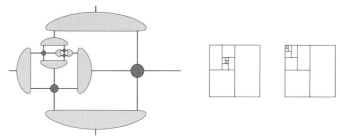

　余談ながら、上図左の描き方には 2 種類あって、上図中央のように巻貝のような渦巻き構造の「外枠」の中に $\tilde{W}^{(\ell)}$ を描く方法と、上図右のように角から順番に外枠を取って、その中に $\tilde{W}^{(\ell)}$ を描く方法がある。

10.3 期待値の求め方

どのような模型でも格子全体での縮約 $c^{[N]}$ が求まっていれば、それを使って物理的な、あるいは数理統計的な解析を行うことが、基本的には可能である。但し場合によっては、**期待値**を直接的に計算する方が簡便なこともある。例えば 6.5 節では、$W^{(0)}$ が式 (6.34) で与えられる**集まる棒の模型**を考えて、（10.6 節で再び考える）**環境テンソル**で囲まれた部分で、縦の棒と横の棒が出る割合を計算した。式 (6.37) で与えられた $Ya\,{}^{b}_{d}\,c$ のように、$W^{(0)}$ で構成されるテンソルネットワークの、どこか 1 箇所に挿入するものは（結晶に紛れ込んだ異物をイメージして）**不純物テンソル**と呼ばれる。

角転送行列繰り込み群では不純物テンソルが計算の最後の段階で登場したけれども、テンソル繰り込み群では最初に登場する。下図のように、まず $W^{(0)}a\,{}^{b}_{d}\,c$ と $Yg\,{}^{d}_{f}\,e$ の間で d の脚に対して縮約を取り、得られた 6 脚テンソルに対して下図中央のとおり繰り込み群変換を行うと、下図右のように**繰り込まれた不純物テンソル** $\tilde{Y}^{(1)}\varepsilon\,{}^{b}_{f}\,\mu$ を得る。周期境界条件の下では、下図左で Y が $W^{(0)}$ の上側にある場合を扱わなくても良いのだけれども、違和感があれば上下両方の場合を求めて、平均しておくと良いだろう。

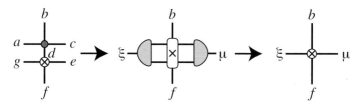

以上の計算と同様に、$W^{(\ell)}$ と $Y^{(\ell)}$ を接続して繰り込み群変換を行い、$Y^{(\ell+1)}$ を得る計算を繰り返すことによって、繰り込まれた不純物テンソルを順次求めていける。$\ell = 2m$ の段階での期待値は、トレースの比

$$\tilde{y} = \frac{\sum_{\xi\rho} \tilde{Y}^{(2m)}\varepsilon\,{}^{\rho}_{\rho}\,\xi}{\sum_{\xi\rho} \tilde{W}^{(2m)}\varepsilon\,{}^{\rho}_{\rho}\,\xi} \tag{10.12}$$

によって与えられる。少し和を取る手順を工夫すると**相関関数**など、離れた 2 点に不純物テンソルが挿入されるような場合もまた計算可能だ。

10.4 対称性の悪い場合

テンソル繰り込み群の直感的な理解を優先して、これまでは式 (10.5) の対称性を仮定してきた。$W^{(0)}$ の**対称性が低く**て、式 (10.5) が満たされない場合には、少しだけ計算手順が増える。まず式 (10.7) の段階で、高次特異値分解が生成する 3 脚テンソルが、左右で異なるものになる。

$$Q^{(2n+1)a}_{g}{}^{b}_{f}{}^{c}_{e} = \sum_{\xi\mu} U^{\xi}_{ag} U'^{\mu}_{ce} \tilde{W}^{(2n+1)}{}_{\xi}{}^{b}_{f}{}^{\mu} \tag{10.13}$$

この $Q^{(2n+1)}$ を 2 つ横に並べて接続すると、下図左のようになる。

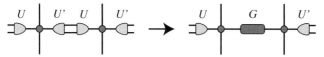

U' と U の間で縮約が取られ、上図右のように χ 次元の 2 脚テンソル

$$\sum_{ce} U'^{\mu}_{ce} U^{\nu}_{ce} = G_{\mu\nu} \tag{10.14}$$

として残ってしまうのだ。対処方法はいくつか考えられる。最も簡単なものは、G を左か右の $\tilde{W}^{(2n+1)}$ に押し付けてしまい、$GW^{(2n+1)}$ あるいは $W^{(2n+1)}G$ を改めて $\tilde{W}^{(2n+1)}$ とする処方だ。（ダイアグラム上で水平に伸びる脚についての縮約を、行列の積のように表記した。）ただ、どちらに押し付けるかの判断を直感で行うのは、何となく気味が悪い。G の行列としての平方根 $\sqrt{G}$ を使って、$\sqrt{G}\,\tilde{W}^{(2n+1)}\sqrt{G}$ を改めて $\tilde{W}^{(2n+1)}$ とする方法もある。

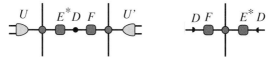

もう少し一般性を持たせたければ、まず G を特異値分解して、

$$G_{\mu\nu} = \sum_{\rho} F_{\mu\rho} D_{\rho} E^*{}_{\nu\rho} \tag{10.15}$$

上図右のように $\sqrt{D}\,F\tilde{W}^{(2n+1)} E^*\sqrt{D}$ を改めて $\tilde{W}^{(2n+1)}$ とすれば良い。縦にテンソルを積む場合も、同じように対処できる。どの対処法が最も効果的かは場合によりけりなので、与えられた計算目的に即して選択していくと良いだろう。

10.5 特異値分解を使う方法

テンソル繰り込み群にはいくつかの計算手順が知られていて、最も早くに Levin と Nave により開発された手法 (arXiv:cond-mat/0611687) では、4脚テンソルそのものを特異値分解する。まずは $W^{(0)}$ が並んだ下図左の格子から説明を始めよう。$W^{(0)}$ には、特に対称性を仮定する必要はない。

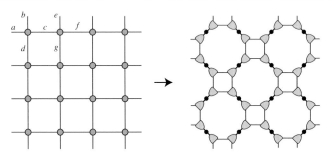

最初に図中の脚を ad と bc に分けて、$W^{(0)}$ を特異値分解しよう。

$$W^{(0)}{}_a{}^{b}{}_{d}{}^{}c = \sum_\xi U_{ad}^\xi D_\xi U_{bc}^\xi \tag{10.16}$$

ここで得られる U_{ad}^ξ と U_{bc}^ξ は、$W^{(0)}$ が高い対称性を持っていない限り、一般には異なる 3 脚テンソルだ。右隣にある $W^{(0)}{}_c{}^{e}{}_{g}f$ については、脚を ec と fg に分けて特異値分解を行う。このように、隣り合う 4 脚テンソルについて、脚のまとめ方を「互い違い」にして特異値分解を進めると、上図右のような縮約で $c^{[N]}$ を表せる。式 (10.16) で得られた D_ξ の平方根を、それぞれの U と組み合わせて、次の形に整理しておこう。

$$\sum_\xi \left[U_{ad}^\xi \sqrt{D_\xi}\right] \left[U_{bc}^\xi \sqrt{D_\xi}\right] = \sum_\xi Y_{ad}^\xi Y_{bc}^\xi \tag{10.17}$$

式 (10.16) の右辺から式 (10.17) への変形をダイアグラムに描いておく。

$W^{(0)}{}_c{}^e{}_g{}^f$ についても同じように Y^μ_{ec} と Y^μ_{fg} に分けた形で表し、全てのテンソルについて同様の変形を行うと、$c^{[N]}$ は下図左の縮約で表される。点線で囲った部分で、四角くループを組んでいる脚について先に和を取ってしまうと、点線から外へ出る 4 本の脚だけを持つ 4 脚テンソル $X^{(1)}$ が得られる。格子全体では下図右のようになって、$W^{(0)}$ の半分の個数の $X^{(1)}$ が「斜め方向」に並ぶ格子で $c^{[N]}$ が表される。

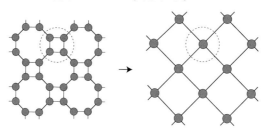

　4 脚テンソルが正方格子を組んでいることは前ページの最初の図と全く同じである。$X^{(1)}$ に対して、再び式 (10.16) や式 (10.17) のように分解整理すると、$X^{(1)}$ の半分の個数の 4 脚テンソル $X^{(2)}$ が縦横に並ぶ格子が得られる。以下、$X^{(3)}$, $X^{(4)}$, $\cdots$ と、同様に繰り込み群変換を繰り返していける。$X^{(\ell)}$ の脚の自由度は、ℓ が小さいうちは 2^ℓ であり、2^ℓ が χ を超えた時点で小さな特異値を無視することによって、脚の自由度を χ 以下に抑える。この手続きは、式 (10.16) や式 (10.17) を $X^{(\ell)}$ に対して適用した時点で実行できて、繰り込まれた 4 脚テンソル $\tilde{X}^{(\ell)}$ を得る。格子全体としては ℓ が奇数の場合に格子は斜め方向になっていて、その配置のまま周期境界条件がかかっている。また、$\tilde{X}^{(\ell)}$ の脚を式 (10.4) のように上下・左右でそれぞれ接続して縮約を取ると、$N = 2^{\ell/2}$ での $c^{[N]}$ が求められる。

【TERG, TRG, HOTRG】　　本節で概説した手法は Tensor Entanglement Renormalization Group (TERG) とか、もう少し簡素に Tensor Renormalization Group (TRG) と呼ばれる。10.1-4 節の手法は Higher Order Tensor Renormalization Group (HOTRG) と呼ばれる。とかく計算手法の略称だらけなのが、テンソルネットワークの世界だ。

10.6 環境テンソル

　前節で概説したテンソル繰り込み群にも、木構造が隠れている。前ページの図の左側に示したダイアグラムから考え始めるのが、比較的わかりやすい方法だ。下図に、射影を 3 回目まで挿入した際の格子の一部を描いた。射影を縦横方向に入れる**繰り込み群変換**と、斜め方向に入れる繰り込み群変換が交互になっていて、すでに 2 段の木構造が現れている。4 回目の射影は斜め方向に挿入となるので、その場所を探してみると良い。

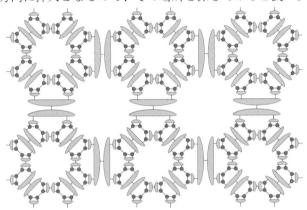

　上図の描画にあたっては、丸印で描いた 3 脚テンソル Y を 4 つ接続した縮約を取って、テンソル $X^{(1)}$ を作った後に特異値分解するプロセスを、縮約を取る前に特異値分解しても結果としてはほぼ同じであることを使った。下図は左から順に $X^{(1)}$, $X^{(2)}$, $X^{(3)}$, $X^{(4)}$ が、どのように構成されているか見えやすいように、それぞれ 1 組の射影を省略して描いたものだ。図のように $X^{(4)}$ は 2 段の木構造に囲まれている。

　さて、10.1 節では 2 つの 4 脚テンソルを接続した後に、高次特異値分解により射影を得た。10.4 節では、4 脚テンソルをそのまま特異値分解した結果、隠れた形で射影が行われた。どちらもテンソルネットワークの一

部のみを参照して、射影を行なっている。しかし、射影はテンソルネットワーク全体に挿入されるものなので、一部のみに目を向けるのは不自然だ。射影が挿入されている位置を再確認してみよう。下図は、脚 $abcd$ で示された最も「小さい」射影を抜き去った場合と、脚 $efgh$ で表された次に「小さい」射影を抜き去った場合を示している。

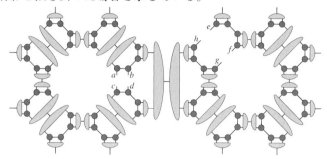

　脚 $abcd$ だけを残してテンソルネットワーク全体にわたって縮約を取れば、**環境テンソル** ρ_{abcd} を得る。a と c, b と d を結んで和を取ると

$$\sum_{abcd} \rho_{abcd}\, \delta_{ac}\, \delta_{bd} = \sum_{ab} \rho_{abab} = c^{[N]} \tag{10.18}$$

と格子全体の縮約となる。脚を $\rho_{(ab)(cd)}$ とグループ分けした**密度副行列**が (ab) と (cd) の入れ換えに対して実対称な場合には、対角化

$$\rho_{(ab)(cd)} = \sum_{\xi} U_{ab}^{\,\xi}\, \omega_\xi\, U_{cd}^{\,\xi} \tag{10.19}$$

で得られた 3 脚テンソル U を使って、射影

$$P_{(cd)(ab)} = \sum_{\xi=1}^{\chi} U_{cd}^{\,\xi} U_{ab}^{\,\xi} \tag{10.20}$$

が構成できる。これを上図の**間隙** $abcd$ に挿入すると

$$\mathrm{Tr}\,(\rho P) = \sum_{abcd} \rho_{(ab)(cd)}\, P_{(cd)(ab)} = \sum_{\xi=1}^{\chi} \omega_\xi \tag{10.21}$$

となって、ω_ξ が速やかに減衰する場合には $c^{[N]}$ の良い近似値を与える。$\rho_{(ab)(cd)}$ が非対称な場合には少し手順が増えるけれども、特異値分解を通

じて同じように射影 (と同じような働きをするもの) を構成できる。一般的に、よ り大きな空間スケールの射影を抜き去った隙間、例えば前ページの図に示 した間隙 $efgh$ についても環境テンソルを構成できて、その部分に挿入す る「良い射影」が得られる。

【第二繰り込み群】　式 (10.19) のように環境を通じて得た 3 脚テンソル U を使い、繰り込み群変換を再び行って 4 脚テンソル $\tilde{X}^{(\ell)}$ や $\tilde{W}^{(\ell)}$ を求め直 す計算処方は、**第二繰り込み群** (second renormalization group, arXiv:0809.0182) と呼ばれている。環境 (environment) を扱うことにより、自由度が χ 以下 である制限の下でも、自然な形で計算精度を高められる効果は大きい。な お、繰り込まれた 4 脚テンソルと環境テンソルは互いに関係しているの で、状況によっては計算が収束するまで、第二繰り込み群の手続きと環境 テンソルの構築を繰り返し行う必要がある。

　以上では、射影を挿入する場所での環境の構成方法を考えた。より一般的 には、6.5 節で少しだけ示したようにテンソルネットワーク全体から「(任 意の) 一部分」を抜き去った間隙について、対応する環境テンソルを構成す ることもある。また、環境テンソルを使えば、局所的な物理量について期 待値を求めることも可能だ。近年 Morita と Kawashima は第二繰り込み群 に使う用途で、角転送行列を組み合わせて環境テンソルを組み上げる方法 を報告した。(arXiv:2009.01997)

　環境テンソルを得るには、往々にして長い計算時間が必要となるので、計 算手数の削減が課題となっている。簡便に、計算精度はだいぶん落ちるけ れども、脚 $abcd$ や $efgh$ に対応する**特異値**を使って、環境テンソルの代用 とする**平均場的な扱い**もよく使われてきた。Adachi, Okubo, Todo らはよ り本質的に、繰り込み群変換に先立って重率 (対角行列) をテンソルに作用 させることで、計算精度が大きく改善することを見出した。これからテン ソル繰り込み群に着手しようという方は、この実効的な方法 (Bond Weighted TRG, arXiv:2011.01679) を使うことをお勧めする。ループを含むテンソルネッ トワークに対して、**正準な表現** (?) を定義するヒントを与えたかもしれな い。また、ユニタリーではない行列による繰り込み群の前処理について言 及した点も重要である。

10.7 境界の取り扱い

　これまでは周期境界条件を仮定して、テンソルネットワーク全体の縮約を求めてきた。充分に大きな格子系の、四方から環境に囲まれた**バルク**と呼ばれる内部を念頭に置いていたからだ。系に境界がある場合、その付近の性質は内側のバルクの部分とは一般的には異なっている。この差異を観察するには、境界付近で繰り込み群の手続きを変更する必要がある。Iino, Morita, Kawashima による方法 (arXiv:1905.02351) に学んでみよう。

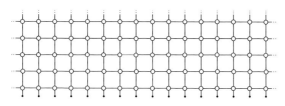

　上図のように 4 脚テンソルが格子を組み、左右と上側へはずーっと格子が広がり縮約が取られている場合を考える。最も下段に黒点を付けて表した脚は和が取られていて（自由端条件）、ここが境界となっている。とりあえず、下図のようにペアになった繰り込み群変換を階層的に挿入してみよう。格子の上下方向には対称性がない点は要注意で、上向きの 3 脚テンソルと下向きの 3 脚テンソル　　　　　　　　　　　　　　は同じものではない。そのペアを挿入する　　　　　　　　　　　部分の**環境テンソ**
ルは非対称となる。　　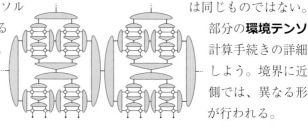　　計算手続きの詳細
は原論文に丸投げ　　　　　　　　　　　　　　　しよう。境界に近
い部分と、より内　　　　　　　　　　　　　　側では、異なる形
で繰り込み群変換　　　　　　　　　　　　　　が行われる。

　さて、上図の構造を観察してみよう。まず下図のように、境界には 3 脚テンソルの階層が見えてくるだろう。

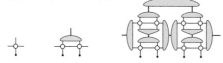

境界の存在による物理的な影響は、主にこれらの 3 脚テンソルが担っていると考えられる。バルクの部分は 10.1 節で扱った、繰り込まれた 4 脚テ

ンソル $W^{(\ell)}$ で記述され、これらと境界の3脚テンソルの間の縮約を求めることにより、境界からの影響が定量的に評価できる。$W^{(\ell)}$ を少し大きな丸印で描き直してみると、下図のようなダイアグラムが得られ、階層的な構造が浮かんでくる。

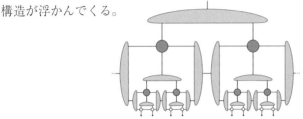

ここで、下図左のように水平方向の射影を全て取り除いたダイアグラムを描いてみると、境界から内側へ向かって、どのような階層構造が存在するかを直観的に把握しやすくなる。木構造に横串を入れたようにも見える形状だ。どれくらい χ が必要かは別として、境界付近の事情が、この形状のテンソルネットワークで表現可能であることは、頭に入れておくと良いだろう。蛇足を付け加えると、下図左のダイアグラムは後で紹介する MERA と呼ばれる、下図右のダイアグラムに形がよく似ている。両者を結ぶ局所的な変換はどのようなものだろうか？ (著者はまだ見つけていない。)

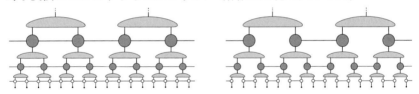

　以上では、真っ直ぐな境界を取り扱った。テンソル繰り込み群が適用できるような、再帰的な構造を持っている境界の選択は、もう少し多彩だ。まず、折れ曲がって**「角」になった境界**がその実例で、正方格子であれば直角な角の周りで、角の部分のみに現れる2脚テンソルを追加すれば、同じように境界付近の状況を把握できるようになる。次に、境界が**フラクタル的**な構造を持っている場合が挙げられる。例えば境界が**コッホ曲線**である場合を考えてみると良いだろう。次節で取り扱う、格子全体がフラクタル構造を持つ場合に準じて、局所的に繰り込まれたテンソルを構成していけるのだ。このようなフラクタルは、往々にして**双曲格子**の外周に現れる。この場合、相関関数が常に**ベキ的に減衰する**という意外な事実に遭遇する。

10.8 フラクタル格子

テンソル繰り込み群は格子の一部分に着目して、何個かのテンソルについて縮約の形で部分和を取った後に、自由度を抑えるために繰り込み群変換を行うという、**再帰的な反復計算**を進める手法であった。**再帰構造**を持つ

ような結合形状のテンソルネットワークであれば、同じように繰り込み群変換を適用できて、その代表例が**フラクタル格子**である。左図は**シェルピンスキー・カーペット**と呼ばれる格子を、テンソルの縮約で表したものだ。遠くから見れば穴の空いたブロックを、穴が空くように積み重ねる操作を繰り返した構造が浮かんでくる。

図が細かくて全体構成がわかり辛いけれど、まずは下図左の 2 脚テンソル C_{ab} と、下図右の 4 脚テンソル X_{fe}^{cd} が要素であることを確認しよう。簡単のため、どちらも脚の左右の入れ換えに対して対称 $C_{ab} = C_{ba}$, $X_{fe}^{cd} = X_{ef}^{dc}$ であり、4 脚テンソルは上下にも対称 $X_{fe}^{cd} = X_{cd}^{fe}$ であるとする。脚の自由度が 2 であれば、独立なパラメーターは数える程しかないことが、容易に確かめられるだろう。（何個あるかの数え上げは宿題にしておこう。）

これらのテンソルを上に描いたフラクタルに当てはめて、格子全体にわたって縮約を取ることは、非現実的だ。Genzor らによる文献 arXiv:1904.10645 に従って、モデルの構成と、部分和を構成していく方法を説明しよう。

モデルの構成

イジング模型を例に取り、具体的な 2 脚・4 脚テンソルの構成を考えてみよう。上図左は、± 1 の値を取るイジングスピン a, p, b が、強磁性イジング相互作用 $-J < 0$ で結ばれている様子を表している。対応するボルツマン重率を考えて p について和を取ると、2 脚テンソル

$$C_{ab} = \sum_p \exp\left[\frac{J}{kT}(ap + bp)\right] \tag{10.22}$$

が得られる。上図右では c, d, e, f, q, r の 6 つのスピンが、実線に沿って相互作用していて、対応するボルツマン重率について q と r の和を取ると、

$$X_{fe}^{cd} = \sum_{qr} \exp\left[\frac{J}{kT}(cf + rq + de + cr + dr + fq + eq)\right] \tag{10.23}$$

と 4 脚テンソルが得られる。温度 T だけが調整可能なパラメーターだ。格子全体にわたっての縮約は**分配関数** Z であり、**自由エネルギー** $F = -kT \log Z$ を求めて熱力学的な性質を調べていくことになる。イジング模型の他にもいろいろとあるモデルについても、同様なテンソルの構成が可能だ。

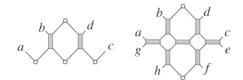

部分和

便宜上、2 脚テンソルを $C^{(0)}$, 4 脚テンソルを $X^{(0)}$ とラベル付けしよう。上図左のように、4 つの $C^{(0)}$ と 2 つの $X^{(0)}$ を組み合わせて、結ばれた脚の縮約を取ると、部分和 $C^{(1)}_{(ab)(cd)}$ を得る。脚 ab と cd を、それぞれ ξ と μ にまとめて $C^{(1)}_{\xi\mu}$ と表すと、4 自由度の脚を持つ 2 脚テンソルとも見なせる。上図右は 2 つの $C^{(0)}$ と 7 つの $X^{(0)}$ を組み合わせて作った部分和 $X^{(1)}{}^{(ab)(cd)}_{(gh)(ef)}$ である。脚を $X^{(1)}{}^{\xi\mu}_{\nu\rho}$ とまとめ書きすれば、4 自由度の脚を持つ 4 脚テンソルであることがわかるだろう。こうして得られた部分和 $C^{(1)}$ と $X^{(1)}$ は、$C^{(0)}$ や $X^{(0)}$ と同じように脚の上下・左右の入れ換えに対して対称となっている。

部分和を取る手続きを繰り返すと、次は下図左に示した $2^4 = 16$ 自由度の脚の 2 脚テンソル $C^{(2)}$ と、下図右に示した 4 脚テンソル $X^{(2)}$ となる。ダイアグラムは脚をまとめ書きせずに描いた。

同様に $C^{(3)}$ と $X^{(3)}$ も求めていける。一般に、$C^{(\ell)}$ は 2^{2^ℓ} 自由度の脚を持つ 2 脚テンソルで、$X^{(\ell)}$ も同様な 4 脚テンソルである。このように部分和を準備しておくと、シェルピンスキーカーペット全体にわたっての縮約は、**角転送行列**の形式と同じように $C^{(\ell)}$ を 4 つ組み合わせた $\mathrm{Tr}\left[C^{(\ell)}\right]^4$ により構成できる。脚の自由度が 2, 4, 16 の場合について、下図で確認しておこう。もう 1 段階大きなものが本節の冒頭の図で、脚は $2^8 = 256$ 自由度となる。

　これくらいの時点で、繰り込み群変換を使って脚の自由度を χ 以下に抑える必要が生じる。繰り込み群変換を行うテンソル U は、$X^{(\ell)}$ を高次特異値分解して作っても良いし、環境テンソルを構成して射影（のような働きをするもの）を求めても良い。χ 自由度への変換もダイアグラムで示しておこう。

　イジング模型の場合に、以上のテンソル繰り込み群の計算を進めれば、分配関数 $Z = \mathrm{Tr}\left[C^{(\ell)}\right]^4$ が求まり、**熱平衡状態**での性質が得られる。シェルピンスキー・カーペットに特徴的なことは、低温でのスピンが揃った強磁

性状態から、高温での常時性状態への**相転移**が起きる際に、**臨界指数**が格子の場所によって異なることだ。ある意味で異なる**表面臨界状態**が至るところで現れているとも解釈できる。

> **【分解方法はいろいろ】**　以上の手続きでは、4 脚テンソル $X^{(\ell)}$ をそのまま扱ったけれども、特異値分解により 2 つの 3 脚テンソルに分解する扱いも可能だ。扱う脚が 1 つ減ることから、少しだけ計算量を節約できる。フラクタルが与えられた場合、格子を再帰的に構成する方法はいろいろとあり得る。数ある選択肢の中から、数値計算の量が小さくて済むものや、プログラミングが容易なもの、計算が安定しているものなどを選ぶのが定石だ。環境テンソルが非対称な場合の扱いには前節と同様に注意が必要で、繰り込み群変換を安易に構成すると、計算精度が落ちてしまう。

相転移しないフラクタル

　フラクタル形状を持つ格子の中で、最も古くから取り扱われてきたものの 1 つが**シェルピンスキー・ガスケット**で、下図左のように三角形を積み重ねたものだ。白丸の部分にスピンを置いたイジング模型では、分配関数を漸化式によって求めることが可能で、有限の温度では強磁性にはならないことが知られている。格子全体を 2 つの部分に分ける際に、2 箇所の「つなぎ目」を切り離せば良いというスカスカな構造が、その要因だ。なお、この格子を「ちょうど半分」に切ると、下図右のような形状となり、**行列積の構造**が隠れていたことがわかる。一方で、シェルピンスキー・カーペットの形状を持　　　つイジング模型では切り離すべき場所がたくさんあり、テンソルに　　　　ついて部分和を求めるごとにまとめ書きした脚の自由度が増　　　　　えていく。この性質が、ある**転移温度**以下で、強磁性の　　　　　　状態となる要因であるらしい。

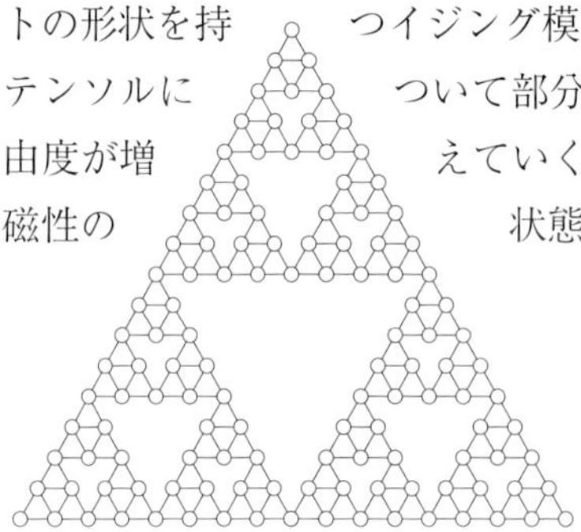

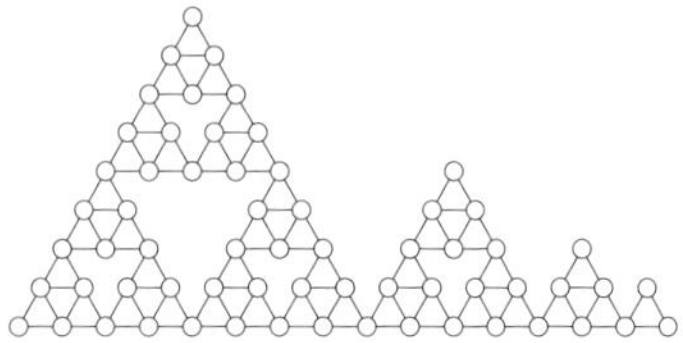

第 11 章　ディスエンタングラー

　幅広い読者を想定して、可能な限り (?) 量子力学を避けつつ解説してきた。そして結局は量子力学の話題ばかりが残ってしまったので、そろそろ「解禁」しよう。とはいえ、扱うものは多脚テンソルのテンソルネットワークによる表現ばかりだ。5.2 節で扱ったエンタングルメントと、7.5 節や 7.6 節で扱った状態の表現を復習しつつ話を進める。

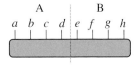
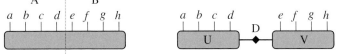

　上図左のように、8 サイトの量子スピン系など波動関数が 8 脚テンソル $\Psi_{abcdefgh}$ で表される量子状態 $|\Psi\rangle = \sum_{abcdefgh} \Psi_{abcdefgh} |abcdefgh\rangle$ を考える。脚を左半分（図中 A）と右半分（図中 B）に分け、上図右のように波動関数を

$$\Psi_{abcdefgh} = \sum_{\xi} U_{(abcd)\xi} D_{\xi} V^{*}_{(efgh)\xi} \tag{11.1}$$

と特異値分解しよう。状態が規格化されていれば $\langle\Psi|\Psi\rangle = \sum_{\xi} \left(D_{\xi}\right)^{2} = 1$ が成立し、**エンタングルメント・エントロピー**は（何度も見てきたように）

$$S = -\sum_{\xi} \left(D_{\xi}\right)^{2} \log \left(D_{\xi}\right)^{2} \tag{11.2}$$

で与えられる。ここで、脚 a と b に作用する**ユニタリー演算子**

$$\hat{M} = \sum_{abxy} M_{ab}^{xy} |xy\rangle\langle ab| \tag{11.3}$$

を持ち込んでみる。4 脚テンソル M_{ab}^{xy} は関係式

$$\sum_{xy} M_{a'b'}^{xy*} M_{ab}^{xy} = \delta_{aa'} \delta_{bb'} \tag{11.4}$$

を満たしていて、$\hat{M}^{\dagger}\hat{M}$ は恒等演算子となる。$|\Psi'\rangle = \hat{M}|\Psi\rangle$ を作ると、対応する波動関数は次のように与えられる。

$$\Psi'_{xycdefgh} = \sum_{ab} M_{ab}^{xy} \Psi_{abcdefgh} \tag{11.5}$$

式 (11.5) の縮約の計算を、ダイアグラムに描いておこう。

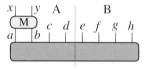

この $\Psi'_{xycdefgh}$ を、点線で示した区切りで特異値分解すると

$$\Psi'_{xycdefgh} = \sum_\xi U'_{(xycd)\xi} D_\xi V^*_{(efgh)\xi} \tag{11.6}$$

となっていて、D_ξ と $V^*_{(efgh)\xi}$ は式 (11.1) と同じものとなる。また、$U'_{(xycd)\xi}$ は単純に $\sum_{ab} M^{xy}_{ab} U_{(abcd)\xi}$ と表される。

【局所的な作用】 式 (11.5) の $\hat{M}$ のように、区切りのどちらか一方のみに作用するユニタリー演算子は、特異値 （シュミット係数） D_ξ を変化させない。このような**局所的なユニタリー作用**の下では、式 (11.2) のエンタングルメント・エントロピーも変化しない。

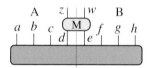

ユニタリー演算子が**区切りをまたいで作用する**場合は、事情が違ってくる。上図のように脚 d と e に作用する $\hat{M} = \sum_{dezw} M^{zw}_{de} |zw\rangle\langle de|$ を考えると、$|\Psi''\rangle = \hat{M} |\Psi\rangle$ に対応する波動関数 $\Psi''_{abczwfgh}$ の特異値分解は

$$\Psi''_{abczwfgh} = \sum_\xi U''_{(abcz)\xi} D''_\xi V''^*_{(wfgh)\xi} \tag{11.7}$$

となり、特異値 D''_ξ は式 (11.1) の D_ξ とは異なるものとなる。エンタングルメント・エントロピーも式 (11.2) の S とは違う値 $S'' = - \sum_\xi \left(D''_\xi\right)^2 \log \left(D''_\xi\right)^2$ だ。$S'' < S$ である場合、$\hat{M}$ はエンタングルメントを減少させるように働いているので、**ディスエンタングラー**と呼ばれる。（逆に $S'' > S$ ならばエンタングラーと呼んでも良いだろうか。）

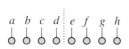
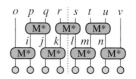

状態 $|\Psi\rangle$ が与えられた物理的な過程によっては、ディスエンタングラーが明示的に構成できることがある。例えば、上図左のような波動関数

$$\Phi_{abcdefgh} = \phi_a\,\phi_b\,\phi_c\,\phi_d\,\phi_e\,\phi_f\,\phi_g\,\phi_h \tag{11.8}$$

で与えられる直積状態 $|\Phi\rangle$ を考え、上図右に示したように任意のユニタリー演算子 $\hat{M}$ の**エルミート共役** $\hat{M}^\dagger$（図中の M^*）を、互い違いに 7 箇所に作用させてみる。対応する波動関数 $\Psi_{opqrstuv}$ は次のように与えられる。

$$\sum_{ijklmn} M_{pq}^{ij*}\, M_{rs}^{kl*}\, M_{tu}^{mn*}\, M_{oi}^{ab*}\, M_{jk}^{cd*}\, M_{lm}^{ef*}\, M_{nv}^{gh*}\, \Phi_{abcdefgh} \tag{11.9}$$

このように用意された状態 $|\Psi\rangle$ に対して、下図左のとおり点線の区切りをまたぐように $\hat{M}$ を作用させると、$\hat{M}\hat{M}^\dagger$ は恒等演算子なので、下図右のように状態 $\hat{M}|\Psi\rangle$ は左右の部分の直積となってしまう。結果として、区切りに対応するエンタングルメント・エントロピーの値は $S'' = 0$ となり、点線の区切りに対して完全に**ディスエンタングル**できている。

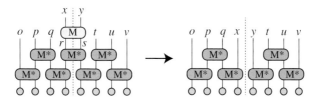

> **【探すのは別問題】**　式 (11.9) のように波動関数 $\Psi_{opqrstuv}$ が記述されることも何も知らされずに、いきなり $\Psi_{opqrstuv}$（の値）だけが与えられた場合に、適切なディスエンタングラー $\hat{M}$ を探し出す作業は容易ではない。$\hat{M}$ の候補をまず適当に与えて、それを少し変化させてエンタングルメント・エントロピー S'' の増減を求め、減る方向へ $\hat{M}$ を調整していく**勾配法**は、確実な計算方法の 1 つだろうか。

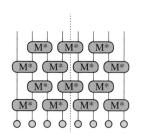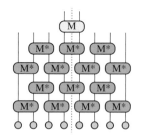

　演算子を 1 つだけ作用させたのでは、うまくディスエンタングルできない場合もある。例えば上図左のように 4 段重ねで 14 個の $\hat{M}^\dagger$ を直積状態 $|\Phi\rangle$ に作用させて状態 $|\Psi\rangle$ を作ると、上図右のように区切りをまたいで $\hat{M}$ を作用させても、$\hat{M}\,|\Psi\rangle$ は直積状態にはならない。網目を作るように $\hat{M}^\dagger$ が並んで「作られた」エンタングルメントをほどくには、1 つだけ $\hat{M}$ を作用させるのでは不充分なのだ。作用させる数を増やして、下図左のように $\hat{M}$ を 6 個用意すると、下図右のように点線を挟んでの直積状態となる。

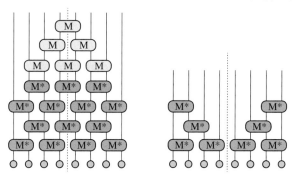

　より一般的に、与えられた任意の状態 $|\Psi\rangle$ に対して、最低限何個の演算子 (ディスエンタングラー) を作用すれば、直積状態に持っていけるか? という問題が考えられる。演算子は互いに同じものである必要はない。また、隣り合う脚に作用するだけではなくて、少し離れた脚に作用しても構わない。これは難儀な問題で、実現可能な手続きは限られている。

【もつれをほどく】　英語の tangle は**もつれ**、entangle は**もつれる**、あるいは**もつれさせる**、disentangle は**ほどく**、そして distangle は辞書には載っていない。言葉の構造もまた科学の立ち入るべき分野だろう。

11.1 MERA ネットワーク

遠く離れた脚を結ぶディスエンタングラーを扱う場合、対応する 4 脚テンソルを下図右のように 2 つの 3 脚テンソルの縮約で描くと、ダイアグラムを作図しやすい。

$$\begin{array}{cc} c & d \\ \hline \\ a & b \end{array} \longrightarrow \begin{array}{cc} c & d \\ \bigcirc{-}\mu{-}\bigcirc \\ a & b \end{array}$$

与えられた任意の状態 $|\Psi\rangle$ を直積に近い状態までディスエンタングルする目的で、下図左のようにディスエンタングラーをたくさん作用させてみよう。8 脚テンソル $\Psi_{abcdefgh}$ の上に、隣り合う脚を結ぶディスエンタングラーが 2 段に並んでいる。その上には隣の隣へと結ぶものが並び、一番上には 4 つ離れた脚を結ぶものが並んでいる。点線となって左右に伸びている水平線は、互いに接続されている。

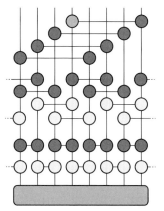
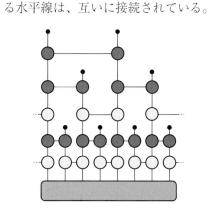

ディスエンタングラーを表す 4 脚テンソル M_{ab}^{cd} の、c と d の自由度は、それらの積が a と b の自由度の積と（おおよそ）一致していれば良いので、いろいろな選択肢がある。上図左に暗く描いたディスエンタングラーでは左肩の自由度を、右肩のものより大きく選んでおこう。ここで大胆な仮定を持ち込む。それぞれのディスエンタングラーをうまく調節すれば、上図右に小さな黒丸で描いた箇所で 4 脚テンソルの脚が 0 となるような「1 状態の直積」に持ち込めると期待 (?) してみよう。少し正確に表現すると、黒丸の脚が 0 でない場合には、ディスエンタングルされた波動関数の絶対値が無視し得るほど小さく抑えられると期待するのだ。この場合、黒丸から

上に連なる構造は考える必要がないので、図から取り去った。与えられた $|\Psi\rangle$ を、ディスエンタングラーの作用だけでここまで変形できるかは何の保証もないのだけれども、ひとまず信じてみよう。

「黒丸の脚」を 0 に固定したダイアグラムはずいぶんスッキリしているので、下図左のようにディスエンタングラーの描き方を元に戻そう。片方の脚を 0 に固定したディスエンタングラーは、**自由度を絞る**働きをしているので、実質的には**繰り込み群変換**になっている。そこで下図右のように、これまで使ってきた 3 脚テンソルで描き直すことにしよう。

このような描き方を前ページの「脚を 0 に固定したダイアグラム」に適用すると、下図左のようになる。(右端から左端へとつながるディスエンタングラーもある。) 与えられた $|\Psi\rangle$ に対して、ディスエンタングラーと繰り込み群変換を交互に作用させると、一番上の黒丸に対応する状態 $|0\rangle$ にまで (近似的に) 持ち込めることを表す、そんなダイアグラムになっている。

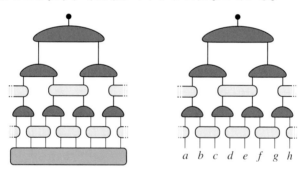

$a\ b\ c\ d\ e\ f\ g\ h$

　上図左の底にある $|\Psi\rangle$ を取り去ると、上図右のテンソルネットワークを得る。いままでは下から上へとディスエンタングルする過程を考えていたけれども、逆に一番上の $|0\rangle$ から下へと**エンタングル**する過程を考えてみよう。上図右が表す 8 脚テンソルを $\bar{\Psi}_{abcdefgh}$ と書き表すと、それは与えられた波動関数 $\Psi_{abcdefgh}$ の良い近似となっている。この形のテンソルネットワークは、提唱者の Vidal によって Multi Scale Entanglement Renormalization Ansatz、略して **MERA** と名づけられた。(arXiv:0707.1454)

フーリエ変換との接点

MERA ネットワークは、**フーリエ変換**と意外な接点を持っている。前々ページの中段左に描いた、自由度を落として繰り込み群変換を行う「前」のテンソルネットワークは、幾何学的にはディスエンタングラーの箇所でMERA が枝分かれする形を持っていて、**分岐 MERA** (arXiv:1210.1895) と呼ばれるものの一種となっている。このダイアグラムによく似た図形が、信号処理や音声解析などで前世紀から使われている**高速フーリエ変換**を表現する**バタフライ演算のダイアグラム**として知られている。（高速フーリエ変換は 1800 年代に、ガウスが必要に迫られて編み出していたらしい。）実は、図形として似ているだけではなく、分岐 MERA を構成するディスエンタングラーを適切に選べば、高速フーリエ変換を行うテンソルネットワークとなっていることが、Ferris によって明らかにされた。(arXiv:1310.7605) 異なる発想の流れで、高速フーリエ変換を**量子回路**によって表現する実装も公開されている。(arXiv:1705.10186, arXiv:1911.03055) 量子回路がテンソルネットワークによって表現できることは、また後ほど紹介することにしよう。

ついでながら、与えられた状態の**量子フーリエ変換**が行列積状態と行列積演算子を使って、古典的な計算機、つまり普通のコンピューターによって素早く実行できることが、ごく最近に示されている。(arXiv:2210.08468) 量子計算とは言っても、場合によっては**量子計算機**を使うまでもなく、充分に精密な計算を手持ちのパソコンで行えることも稀ではないのだ。

【ウェーブレット変換】　MERA ネットワークは、**ウェーブレット変換**とも接点を持っている。物理の分野では、**コヒーレント状態**と表現した方が、理解しやすいだろうか。**自由フェルミオン系**の基底状態を、ウェーブレット基底によって表現する手続きが、Evenbly と White によって示されている。(arXiv:1602.01166) MERA の**下層**から順番に、空間的に短いスケールの変動を拾う形式となっていて、**実空間と運動量空間**をうまく結んでいることがわかる。さまざまなスケールの信号変化を階層的に取り扱うウェーブレットの考え方が、MERA と共通していることが、この対応関係の数理物理的な背景でもある。

11.2　内積と期待値

　前節では状態 $|\Psi\rangle$ をディスエンタングルする過程を通じて MERA を導入した。そのような考え方を離れて、MERA の構造のみから、テンソルネットワークとして持ち得る性質を調べてみよう。

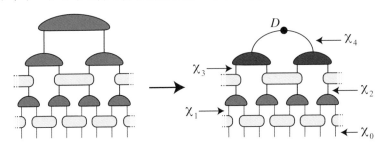

　前ページでは MERA の最上部に、0 に固定された脚を描いていた。1 自由度の脚は有っても無くても同じなので、上図左のように取り去って描くと、最も上には 2 脚テンソルが位置するネットワークとなる。この 2 脚テンソルを特異値分解して、得られた (一般化された) 直交行列をすぐ下の 3 脚テンソルに**ゲージ変換** (7.3 節) の形で押し付けてしまうと、上図右のように特異値 D_ξ から下へと広がっていくテンソルネットワークに書き換えられる。脚の自由度は層ごとに定めることも可能で、最下層の χ_0 から順に χ_1, χ_2, χ_3 そして最上層の χ_4 と表しておこう。ディスエンタングラーはユニタリーであったので、$\chi_0 = \chi_1$ および $\chi_2 = \chi_3$ となっている。繰り込み群変換では自由度を絞るので、$(\chi_1)^2 \geq \chi_2$ 及び $(\chi_3)^2 \geq \chi_4$ となっている。ユニタリー性を捨てて、ディスエンタングラーのところでも少し自由度を落とすことも可能である。例えば上図右で、χ_2 の値を少し大きめに取っておいて、$\chi_2 > \chi_3$ と設定しても良い。… 効果の程はともかくとして。

【木構造へ】　　MERA からディスエンタングラーを取り除くと、7 章で扱った木構造となる。また、とても単純なディスエンタングラーとして恒等的なもの $M^{cd}_{ab} = \delta_{ac}\delta_{bd}$ や入れ換えに対応する $M^{cd}_{ab} = \delta_{ad}\delta_{bc}$ が考えられる。(この場合ディスエンタングルしない。) 従ってディスエンタングラーが n 個あると、MERA は 2^n 個の異なる木構造を包含していることになる。

内積と期待値

　木構造と同じように、MERA の内積 $\langle \Psi | \Psi \rangle$ はとても簡単に求められる。下図の一番左のように MERA と、その共役 —— 上下を反転して要素の複素共役を取ったもの —— を結んでみよう。向かい合ったディスエンタングラーは、ユニタリー性 $\hat{M}\hat{M}^\dagger = \hat{I}$ によって打ち消し合ってしまう。すると、1つ右に描いたように繰り込み群変換が向かい合い、直交性により消し合ってしまう。そして再びディスエンタングラーが消え、結局のところは木構造と同じように $\langle \Psi | \Psi \rangle = \sum_\xi \left(D_\xi \right)^2$ が得られるのだ。

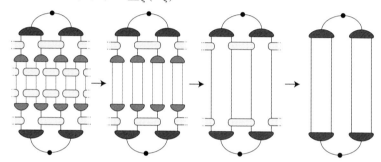

　演算子 $\hat{O}$ を作用させた $\langle \Psi | \hat{O} | \Psi \rangle$ も同じように計算できる。下図左端に、左から 5 番目の脚に $\hat{O}$ が作用する場合を描いた。この丸印の 2 脚テンソルと、上下にあるディスエンタングラーとの縮約を取ると、すぐ右側に描いたように 4 脚テンソルが現れる。上下にある繰り込み群変換の 3 脚テンソルとの縮約を取ると、再び 4 脚テンソルが得られる。このように、$\hat{O}$ と**部分和**を取って得られるテンソルは、4 本より多い脚を持つことがないので、どの段階でも必要な数値計算の量は上限が抑えられている。

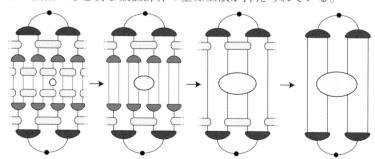

　MERA で与えられる状態 $|\Psi\rangle$ の内積 $\langle\Psi|\Psi\rangle$ は特異値 D_ξ のみで決まるので、$|\Psi\rangle$ は容易に規格化できる。（以下では $|\Psi\rangle$ の規格化を仮定する。）演算子 $\hat{h}$ が隣り合う脚にまたがって作用する場合、期待値 $\langle\Psi|\hat{h}|\Psi\rangle$ は下図左端のように 4 脚テンソルを上下から MERA で挟んで表される。4 脚テンソルに接続されている 4 個のディスエンタングラーとの縮約を取ると、右隣の図のように 8 脚テンソルが現れる。また、$\hat{h}$ に関係しないディスエンタングラーは打ち消し合う。さらに右隣へと計算を進めていく過程で、部分和を取ったテンソルが 8 本より多い脚を持つことはない。$\hat{h}$ が作用する場所によっては、部分和を取った脚が 4 本以下に抑えられる場合もある。

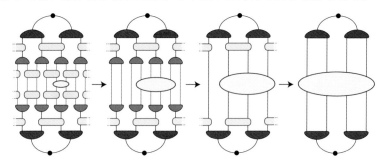

ハイゼンベルグスピン鎖のように、**ハミルトニアン** が隣接相互作用の和

$$\hat{H} = \sum_i \hat{h}_{i,i+1} \tag{11.10}$$

で与えられる場合、期待値 $\langle\Psi|\hat{H}|\Psi\rangle$ は $\langle\Psi|\hat{h}_{i,i+1}|\Psi\rangle$ の和であり、各項の計算時間は先に概説したとおり上限を一定に抑えられる。このことから、MERA の各層のディスエンタングラーや繰り込み群変換を、**変分エネルギー** $\langle\Psi|\hat{H}|\Psi\rangle$ が小さくなるよう調整する**変分法**を実装することが可能となる。テンソルそれぞれの要素を**最適化する方法**にはさまざまな選択肢があるので、13 章で改めて概説しよう。MERA は木構造にディスエンタングラーを挿入したものであり、もとの木構造が表し得る状態よりは「良い」変分状態の構築が期待できる。他方、木構造には**計算が軽い**という利点もあって、MERA がより良いとは一概に言えない。

11.3　MERA とエンタングルメント

　MERA の特徴の 1 つとして、系を 2 分割した際の**エンタングルメント**が比較的大きな状態も、場合によっては精度よく表現可能な点が挙げられる。まず下図左に描いた木構造で、8 本ある脚を左半分の 4 本と右半分の 4 本に分けることを考えてみる。この**最下層の分割**に対応して、木構造の全体も 2 つに分けた区切りを点線で示す。点線と脚が交わる箇所は 1 つに抑えられているので、この木構造で表現される状態では分割に対応する**エンタングルメント・エントロピー**が、$\log \chi$ 以下であることがわかる。但し χ は交わる箇所の脚の自由度を表している。同じ分割を下図右に描いた MERA で考えてみると、点線が**ディスエンタングラー**とも 4 箇所で交わっている。ここで、ディスエンタングラーは特異値分解により 2 つの 3 脚テンソルに分解できたことを思い出そう。それぞれの交差の位置で、おおよそ $\log \chi$ （最大で $2\log\chi$）程度まではエンタングルメント・エントロピーを介在することが可能だ。結果として木構造よりも強いエンタングルメントを MERA が取り扱えることが浮かび上がる。

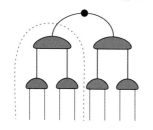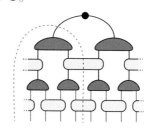

　より一般的に、2^n 本の脚を持つ量子状態について、同様な 2 分割を考えてみよう。木構造は 3 脚テンソルが $n-1$ 段積み上がったものになり、ちょうど半分ずつに分割を行うと、特異値の乗っている箇所を点線が 1 度横切るだけとなる。結果として、エンタングルメント・エントロピーの上限値は段数 $n-1$ によらず $\log \chi$ となる。5.4 節で概説した**エリアルール**を満たす 1 次元の量子状態ならば、部分系の大きさによらず分割の境界をまたぐエンタングルメント・エントロピーは一定なので、（行列積を含む）木構造を使って状態を精度よく近似的に表現できる。励起エネルギーが有限である、**ギャップを持った量子基底状態**は、この条件を満たしている。

励起エネルギーが 0 である、**ギャップのない量子基底状態**では事情が異なっていて、部分系の長さが L であれば $\log L$ に比例するエンタングルメント・エントロピーが存在し得る。このことから直ちに、木構造では充分な近似が困難であることがわかる。一方、MERA では $2(n-1)$ 回程度、点線の区切りがディスエンタングラーを横切る。係数 2 や、n と $n-1$ の差などを無視すると、$n \log \chi$ 程度のエンタングルメント・エントロピーまでは表現し得ることになる。この数字は、量子状態が持つ脚の本数 $2L = 2^n$ の対数 $n \log 2$ に $\log \chi$ の定数倍をかけた程度のものである。この特徴から、長距離にわたる相関が存在する**臨界状態**の表現には、一般に木構造よりも MERA の方が適していることがわかる。

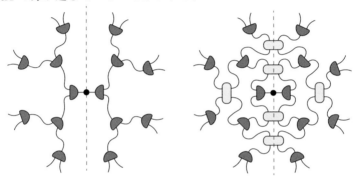

　ダイアグラムの描き方を変えて、特異値のある場所を図の中央に置いてみよう。上図左は木構造、上図右は MERA である。これらの図では、ダイアグラムの周囲から突き出た 16 本の線が、量子状態に対応する脚である。このように描いてみると、点線で描いた左右の分割に対する木構造と MERA の違いがより直感的に把握できるだろう。どちらのダイアグラムも、中央の特異値の左右に $2^1 = 2$ 個の 3 脚テンソルがあり、それを取り囲むように $2^2 = 4$ 個の 3 脚テンソルが接続されている。そのさらに外側には $2^3 = 8$ 個の 3 脚テンソルが配置されている。上図それぞれの中央に黒丸で示した特異値の場所から離れるほど、指数関数的に 3 脚テンソルの数が増えていくことは理解できただろうか。この増加は、木構造や MERA ネットワークが自然と**双曲平面**の上に描けることを示している。双曲平面で描いた円周の長さは、半径が r に対して $2\pi R \sinh(r/R)$ （R はパラメター）となり、半径 r が充分に大きければ r に対して指数関数的に増えていくのだ。

11.4 テンソルネットワーク繰り込み群

　量子状態に対するディスエンタングラーの働きから解説を始め、MERA
ネットワークまでを駆け足で眺めてきた。量子系に限らずイジング模型な
ど古典的な統計力学模型にも、ディスエンタングラーの導入によって計算
精度や数値的安定性の問題が改善できることが、Evenbly と Vidal によっ
て示されている。(arXiv:1412.0732)

　10 章で扱った**テンソル繰り込み群**では、繰り込み群変換を何度も実行し
て、繰り込まれた 4 脚テンソル $\tilde{W}^{(n)}{}_a{}^b{}_c{}_d$ を次々と生成した。下図左に、
このように造られた $\tilde{W}^{(n)}$ のダイアグラムを示す。脚の自由度は繰り込み
群変換によって χ 以下に保たれている。この 4 脚テンソルに、下図右に描
いたような内部構造が隠れていると、本来は不要な数値計算を行う手間が
生じる。

状況を把握する目的で、脚 a が実は 3 つの変数 a_L, a_C, a_R を**まとめ書き**
したもの $a = (a_\mathrm{L}\, a_\mathrm{C}\, a_\mathrm{R})$ であり、脚 b, c, d についても同様だと仮定しよ
う。$\tilde{W}^{(n)}$ が、a_C, b_C, c_C, d_C のみを脚に持つ 4 脚テンソル $X a_\mathrm{C}{}^{b_\mathrm{C}}{}_{c_\mathrm{C}}{}_{d_\mathrm{C}}$ と、
付随的な 2 脚テンソル $\phi_{a_\mathrm{R}b_\mathrm{L}}$, $\phi_{b_\mathrm{R}c_\mathrm{L}}$, $\phi_{c_\mathrm{R}d_\mathrm{L}}$, $\phi_{d_\mathrm{R}a_\mathrm{L}}$ との積の形

$$\tilde{W}^{(n)}{}_a{}^b{}_c{}_d = X a_\mathrm{C}{}^{b_\mathrm{C}}{}_{c_\mathrm{C}}{}_{d_\mathrm{C}} \ \phi_{a_\mathrm{R}b_\mathrm{L}} \ \phi_{b_\mathrm{R}c_\mathrm{L}} \ \phi_{c_\mathrm{R}d_\mathrm{L}} \ \phi_{d_\mathrm{R}a_\mathrm{L}} \tag{11.11}$$

で与えられるのが模式的な状況だ。上図右に角を曲がるよう描かれた曲線
は ϕ それぞれに対応していて、corner line と呼ばれる。実際的には $\tilde{W}^{(n)}$
から corner line を綺麗に分離することは難しいので、式 (11.11) は概念的
なものだと考えておくのが無難だ。

【**corner line が生じる理由**】　$\tilde{W}^{(n)}$ は格子上の四角い領域に対応して
いる。領域の四隅は**角転送行列**に似た働きをしていて、角を挟んで辺から
直交する辺への影響を取り持っている。これが、corner line で示された関
係が生じる主な理由だ。

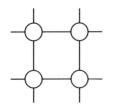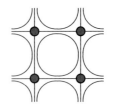

　ここで、$\tilde{W}^{(n)}$ から $\tilde{W}^{(n+2)}$ を得る目的で、4 つの $\tilde{W}^{(n)}$ を上図左のように接続してみよう。内部構造を含めて描くと上図右のようになり、図の中央に閉じた **corner line のループ**が現れる。この部分は、全体的な縮約の値を（理想的には）定数倍するだけで、長距離にわたる影響は与えない。その他の corner line も、格子全体を眺めればループを形成していることがわかり、同様に長距離にわたる系の性質には本質的ではない。これらの corner line が繰り込み群の計算を進める過程で消去でき、$X a_{\mathrm{C}}{}^{b_{\mathrm{C}}}{}_{d_{\mathrm{C}}} c_{\mathrm{C}}$ のみを「抜き出して」取り扱えるならば、数値計算で扱う自由度を大きく抑えられる。このような工夫は可能だろうか?

高次テンソル繰り込み群の場合

　試験的に、4 つの $\tilde{W}^{(n)}$ を縮約して作った 8 脚テンソルに対して、高次特異値分解を適用して $\tilde{W}^{(n+2)}$ を作ってみよう。繰り込み群変換は 3 脚テンソルとの縮約の形で、下図左のように示せる。ここで corner line を書き

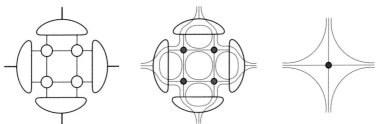

込むと、上図中央のように一部の corner line は 3 脚テンソルの内側で閉じ、外部には出て行かないことがわかる。一方で、2 個の 3 脚テンソルを結ぶように伸びる corner line は局所的に閉じることが不可能で、結果として上図右のとおり $\tilde{W}^{(n+2)}$ の内部構造に残ってしまう。このように、高次テンソル繰り込み群の計算手順では、corner line を含まない裸の $X a_{\mathrm{C}}{}^{b_{\mathrm{C}}}{}_{d_{\mathrm{C}}} c_{\mathrm{C}}$ は得られない。

ディスエンタングラーを挿入する

corner line を段階的に消去する目的で、Evenbly と Vidal は、下図左のようにディスエンタングラーを 8 脚テンソルの上下に配置し、さらに対になった 3 脚テンソルの射影を四隅に置いて自由度を制限する**テンソルネットワーク繰り込み群** (Tensor Network Renormalization, TNR) を提唱した。下図右のように内部構造を描くと、corner line がディスエンタングラーの内部でループを形成して、小さく閉じる様子が直感的に理解できるだろう。

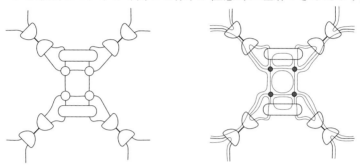

この時点で、ダイアグラム全体を左右に結ぶ corner line が存在しないことに注目しよう。図が煩雑にならないよう「小さく閉じてしまう corner line」を省略して、少し広い範囲を眺めてみる。曲線で描いた corner line は、

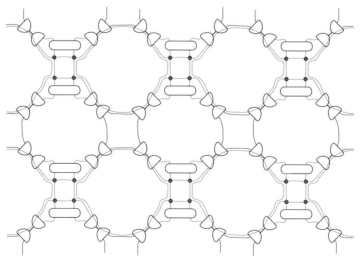

大きな輪になって閉じていることに注目しよう。ここで、向かい合った 3 脚テンソル（射影）の部分で図形を区切って考えると、描かれたテンソルネットワークは 2 種類の 4 脚テンソルについて縮約を取ったものになっている。そのうち、ディスエンタングラーを含むものを下図左に描いた。矢印で示したように、特異値分解を通じて 2 つの 3 脚テンソルの縮約で表してみると、corner line は上下方向のみを結んでいることがわかる。もう 1 つの、3 脚テンソル 4 つについて縮約を取った 4 脚テンソルは下図右のように描け、こちらは縦向きに特異値分解すると、今度は corner line が左右方向のみを結ぶ 3 脚テンソルの対となる。

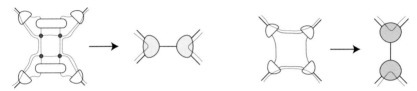

　特異値分解を通じて得た上図の 3 脚テンソルを使って、ダイアグラム全体を描き直した図を下図に示す。紙面を節約する目的で、繰り返しがわかる程度に切り出して描いた。一見してわかるとおり、corner line が 4 つの 4 脚テンソルの縮約で閉じてしまっていて、点線で囲った部分から外へは出て行かない。

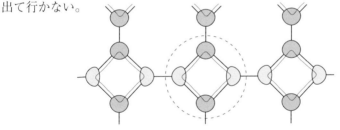

点線の内部は、全体として 4 脚テンソルになっていて、これが求めていた（少し大きなスケールでの）$X a_C{}^{b_C}{}_{d_C} c_C$ であると見なせる。4 脚テンソル $\tilde{W}^{(n)}$ から始めて、ここまでに行ってきた縮約と特異値分解による計算で、**繰り込み群の手続き**が一巡している。　得られた X を 4 つ並べて縮約を取り、ディスエンタングラーを上下に配置して ... と同様の計算を何度も反復することが可能だ。以上がテンソルネットワーク繰り込み群による計算手続きの概略である。

細かい手続きは原論文に任せるとして、要点をもう 1 つだけ確認しておこう。繰り込み群変換を適切に行うには、4 脚のディスエンタングラーおよび、向かい合った 3 脚の繰り込み群変換を、corner line が消えるように調整しなければならない。下図左は $\tilde{W}^{(n)}$ を横に並べた縮約で、そこにディスエンタングラーと 3 脚テンソルの対で表した射影を接続したものが下図右である。射影の部分で自由度 χ が適度に小さい条件下で下図の左右が良い一致を示せば、ディスエンタングラーと繰り込み群変換はうまく調整されていると考えられる。最も直接的には、上図それぞれが与える 6 脚テンソルの間で差を取り、両者の 2 乗距離がなるべく小さくなるよう、逐次的に微調整を重ねる反復計算で、cornerline を消す目的が達成できる。

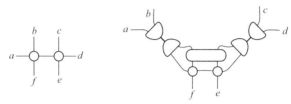

　corner line を消去する手法は、現在までにいくつか提唱されている。Yang らはループを組んだテンソルに着目して、より少ない計算量で計算を進める手続きを arXiv:1512.04938 に示した。Haruru らは arXiv:1709.07460 で、反復計算を含まない手続きで corner line の消去が可能であることを示している。Harada は、1 つの脚に 2 本の corner line が含まれている場合、それらを分岐させるテンソルを使う計算手法を arXiv:1710.01830 に提案した。そして Iino らは、2 次元格子の境界付近でテンソル繰り込み群を実行する方法を arXiv:1911.09907 に示し、**表面臨界現象**が精密に捕捉できることを実証した。

【繰り込み群の固定点へ】　イジング模型の相転移点など、特徴的な長さのスケールが存在しない**臨界状態**の性質は、繰り込み群変換の**非自明な固定点**で記述される。テンソルネットワーク繰り込み群では corner line の消去により**短いスケールの現象**を消し、**より長いスケールの現象**のみを階層的に拾っていく。結果として数値計算により、非自明な固定点に直接的な形で安定に到達できる。（このことに「数値計算屋さんたち」は結構驚いた。）

第12章　　量子系の状態変化を追う

　量子状態 $|\Psi\rangle$ を記述する波動関数 Ψ がテンソルネットワークで表される場合に、演算子 $\hat{O}$ の作用 $\hat{O}|\Psi\rangle$ がテンソルそれぞれに対して、どのような影響を与えるかを調べてみよう。いくつかの基本的な考察から得られる計算技法は、**量子コンピューター**に使われる**量子操作**や、量子力学系の**時間発展**のシミュレーション、そして**固有値問題**などに応用できる。

　7.5 節と同様に、8 脚テンソル $\Psi_{abcdefgh}$ で表される波動関数を扱って、具体的に計算を進めよう。演算子 $\hat{O}$ としてはさまざまものが考えられる。例として $\hat{O}$ が脚 e と f に作用して、波動関数が

$$\Psi'_{abcdijgh} = \sum_{ef} O^{ij}_{ef} \, \Psi_{abcdefgh} \tag{12.1}$$

と変化する場合を扱おう。O^{ij}_{ef} は $\hat{O}$ を行列表示したものだ。$\Psi_{abcdefgh}$ をテンソルネットワークで表すには、さまざまな選択肢がある。ここでは、単純な例として行列積で表してみよう。式 (12.1) に対しては、ちょうど e と f の間に特異値 D_ρ が位置する

$$\Psi_{abcdefgh} = \sum_{\xi\mu\nu\rho\sigma} A^b_{a\xi} \, A^c_{\xi\mu} \, A^d_{\mu\nu} \, A^e_{\nu\rho} \, D_\rho \, B^f_{\rho\sigma} \, B^g_{\sigma h} \tag{12.2}$$

が、都合の良い表現の 1 つだ。特異値 D の位置は、式 (7.34) のように基本的な局所変形を繰り返して、任意の場所へ移動できることを思い出しただろうか。式 (12.2) を式 (12.1) に代入すると

$$\Psi'_{abcdijgh} = \sum_{\xi\mu\nu\sigma} A^b_{a\xi} \, A^c_{\xi\mu} \, A^d_{\mu\nu} \left[\sum_{ef\rho} O^{ij}_{ef} A^e_{\nu\rho} \, D_\rho \, B^f_{\rho\sigma} \right] B^g_{\sigma h} \tag{12.3}$$

を得る。縮約の構造をダイアグラムで確認しておこう。

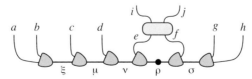

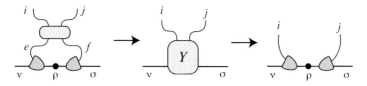

実際に数値計算を進めるのは、式 (12.3) にカッコで囲った内部の e, f, ρ に対する和で、まず上図のように 4 脚テンソル $Y_{\nu ij\sigma}$ にまとめた後に

$$\sum_{ef\rho} O_{ef}^{ij} A_{\nu\rho}^e D_\rho B_{\rho\sigma}^f = Y_{\nu ij\sigma} = \sum_\rho A'^i_{\nu\rho} D'_\rho B'^j_{\rho\sigma} \tag{12.4}$$

と特異値分解を経て、更新されたテンソル $A'^i_{\nu\rho}$, D'_ρ, $B'^j_{\rho\sigma}$ を得る。そして

$$\Psi'_{abcdijgh} = \sum_{\xi\mu\nu\rho\sigma} A_{a\xi}^b A_{\xi\mu}^c A_{\mu\nu}^d A'^i_{\nu\rho} D'_\rho B'^j_{\rho\sigma} B_{\sigma h}^g \tag{12.5}$$

という形で、$\hat{O}$ の作用により更新された行列積波動関数が表される。

【低ランク近似】 波動関数を行列積で表す場合、厳密に計算を進める意図がない限り、ほぼ常に自由度 χ 以下の**低ランク近似**を行っている。式 (12.4) の特異値分解では、取り扱う特異値を予め定めておいた χ 個以下にするか、あるいは一定の基準より小さな特異値を無視すれば、自然な形で低ランク近似を持ち込める。

量子状態に対して、次々と演算子が作用する計算にはよく遭遇する。式 (12.1) で示した $\hat{O}$ の作用に続いて、脚 c と d に対する演算子 $\hat{Q}$ の作用

$$\Psi''_{abxyijgh} = \sum_{cd} Q_{cd}^{xy} \Psi'_{abcdijgh} \tag{12.6}$$

を考えよう。まず、式 (12.15) の特異値の位置を、基本的な変形により

$$\Psi'_{abcdijgh} = \sum_{\xi\mu\nu\rho\sigma} A_{a\xi}^b A_{\xi\mu}^c A_{\mu\nu}^d D'_\nu B'^i_{\nu\rho} B'^j_{\rho\sigma} B_{\sigma h}^g \tag{12.7}$$

と左に 1 つ移動しておく。これを式 (12.6) に代入すると

$$\Psi''_{abxyijgh} = \sum_{\xi\nu\rho\sigma} A_{a\xi}^b \left[\sum_{cd\mu} Q_{cd}^{xy} A_{\xi\mu}^c A_{\mu\nu}^d D'_\nu \right] B'^i_{\nu\rho} B'^j_{\rho\sigma} B_{\sigma h}^g \tag{12.8}$$

となっている。ダイアグラムは下図のとおりで、式 (12.3) とは異なり特異値 D'_ν が $A^d_{\mu\nu}$ の右側にある配置で Q^{xy}_{cd} が接続されている。

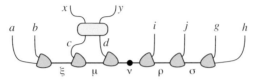

式 (12.8) のカッコの中身について、式 (12.4) と同様に計算を進めて

$$\sum_{cd\mu} Q^{xy}_{cd} A^c_{\xi\mu} A^d_{\mu\nu} D'_\nu = Y'_{\xi xy\nu} = \sum_{\mu} A''^x_{\xi\mu} D''_\mu B''^y_{\mu\nu} \tag{12.9}$$

と特異値分解した形に持ち込むと、行列積は次の形

$$\Psi''_{abxyijgh} = \sum_{\xi\nu\rho\sigma} A^b_{a\xi} A''^x_{\xi\mu} D''_\mu B''^y_{\mu\nu} B'^i_{\nu\rho} B'^j_{\rho\sigma} B^g_{\sigma h} \tag{12.10}$$

に更新されて、式 (12.7) と比べると特異値が 1 つ左に移動している。

【ダッシュ記号を省く】　式 (12.10) には、ダッシュ記号がたくさん含まれている。演算子の作用によってテンソルが更新される度にダッシュ記号を増やしていくと、だんだんと数式が見辛くなっていく。式 (12.10) では、脚 i, j, x, y を含むテンソルは更新されていることがわかるので、ダッシュ記号を取り去っても問題ない。特異値もまた、直近の特異値分解で得られたものだと考えるならば、特にダッシュ記号を付ける必要はない。紛れのない場合には、ダッシュ記号を省略することにしよう。

　式 (12.4) や式 (12.9) で行う縮約の計算は、式のままに行うと時間がかかる。どんな部分和を経由すれば良いかは、宿題にしておこう。なお、$\hat{O}$ や $\hat{Q}$ のように、隣り合う脚に作用する 4 脚テンソルで表される演算子は、行列積のどこに作用するにしても式 (12.3) や式 (12.8) と同様に、縮約を実行する場所を境にして**左正準・右正準**な行列積となるように、予め特異値の位置を移動させてから実際の計算に入る。特異値の移動に要する計算時間は気にしなくても良い程度だけれども、最低限度必要な移動だけを行うのが良い。　(あるいは、最初から Vidal の標準形を使う方法もある。)

12.1　脚の順番の入れ換え

　前節では行列積の隣接する脚に 4 脚テンソルが作用する場合を扱った。より遠くを結ぶ場合、例えば $\Psi''_{abxyijgh}$ の脚 b と g に対する縮約

$$\Psi'''_{azxyijwh} = \sum_{bg} R^{zw}_{bg} \, \Psi''_{abxyijgh} \tag{12.11}$$

を考えてみよう。ダイアグラムを描くと次のようになる。

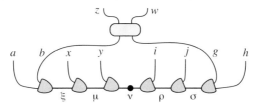

ギリシア文字の脚を全て縮約するには非常に長い計算時間が必要で、現実的ではない。いくつかの対処方法のうちから、ここでは行列積の脚の順番を予め入れ換えておくものを紹介しよう。まず基本的な局所変形を経て、下図のように特異値を ρ の場所まで移動しておく。

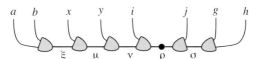

（以下、行列積に現れるダッシュ記号は省略する。）ここで D_ρ, $B_{\rho\sigma}^{\ j}$, $B_{\sigma h}^{\ g}$ の縮約を行なって 4 脚テンソル $Y_{\rho jgh} = \displaystyle\sum_\sigma D_\rho \, B_{\rho\sigma}^{\ j} \, B_{\sigma h}^{\ g}$ を求める。脚を ρg と jh の組に分けることを考えてみよう。特異値分解を進めると

$$Y_{\rho jgh} = Y_{(\rho g)(jh)} = \sum_\sigma A^g_{\rho\sigma} \, D_\sigma \, B^j_{\sigma h} \tag{12.12}$$

となり、脚 j と g が入れ換わる。ダイアグラムも確認しよう。

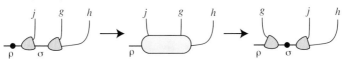

この入れ換えには「多少の無理」があるので、ギリシア文字の脚 σ には、一時的に自由度 χ の増大を許容する必要がある。続いて $\sum_{\rho} A_{\nu\rho}^{i} A_{\rho\sigma}^{g} D_{\sigma}$ についても式 (12.12) と同じように脚を入れ換えて特異値分解を行い、$\sum_{\rho} A_{\nu\rho}^{g} D_{\rho} B_{\rho\sigma}^{i}$ へと持ち込むと、下図のような脚の配置となる。

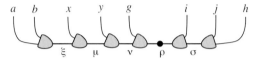

上図の左端にある $A_{a\xi}^{b}$ の脚 b も、同じように次々と右隣のテンソルの脚と入れ換えることによって、上図の g の左隣まで移動できる。もとの $\Psi_{abxyijgh}''$ からここまでの操作は、下図に点線で示した箇所で「脚を入れ換える演算子を作用させた」とも解釈できる。

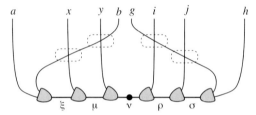

ここまで準備が済めば、R_{bg}^{zw} との縮約が、下図のように実行できる。

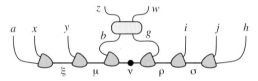

縮約が済んだ後で特異値分解を行うと、その時点の行列積は

$$\bar{\Psi}_{axyz\bar{w}ijh}''' = \sum_{\xi\mu\nu\rho\sigma} A_{a\xi}^{x} A_{\xi\mu}^{y} A_{\mu\nu}^{\bar{z}} D_{\nu} B_{\nu\rho}^{\bar{w}} B_{\rho\sigma}^{i} B_{\sigma h}^{j} \tag{12.13}$$

という形をしている。$\bar{z}$ と $\bar{w}$ は移動した脚なので、目印のバー記号を付けた。追加的に脚の入れ換えを何度か行なってもとの場所に戻すと、例えば

$$\Psi_{azxyijwh}''' = \sum_{\xi\mu\nu\rho\sigma} A_{a\xi}^{z} A_{\xi\mu}^{x} A_{\mu\nu}^{y} A_{\nu\rho}^{i} A_{\rho\sigma}^{j} D_{\sigma} B_{\sigma h}^{w} \tag{12.14}$$

という行列積になって、式 (12.11) の計算が完了する。

12.2 虚時間発展

ハミルトニアン $\hat{H}$ で記述される量子力学系の基底状態 $|\Psi_0\rangle$ について、波動関数を行列積で表す方法を考えてみよう。適当に状態 $|\Phi\rangle$ を選んで、

$$|\Psi(\tau)\rangle = e^{-\tau\hat{H}} |\Phi\rangle \tag{12.15}$$

と状態 $|\Psi(\tau)\rangle$ を定義すると、これは (ℏ = 1 と置いた) **虚時間発展の方程式**

$$-\frac{d}{d\tau} |\Psi(\tau)\rangle = \hat{H} |\Psi(\tau)\rangle \tag{12.16}$$

の形式的な解である。固有方程式 $\hat{H} |\ell\rangle = E_\ell |\ell\rangle$ により、固有状態 $|\ell\rangle$ をエネルギーの低い順 $E_0 \le E_1 \le E_2 \cdots$ に定め、式 (12.15) に代入すると

$$|\Psi(\tau)\rangle = \sum_\ell e^{-\tau\hat{H}} |\ell\rangle\langle\ell|\Phi\rangle = \sum_\ell e^{-\tau E_\ell} |\ell\rangle\langle\ell|\Phi\rangle \tag{12.17}$$

となっているので、$E_1 > E_0$ であれば充分に τ が大きな極限で

$$\lim_{\tau\to\infty} e^{\tau E_0} |\Psi(\tau)\rangle = \lim_{\tau\to\infty} \sum_\ell e^{-\tau(E_\ell - E_0)} |\ell\rangle\langle\ell|\Phi\rangle = |0\rangle\langle 0|\Phi\rangle \tag{12.18}$$

を得る。**ランダムに選んだ** $|\Phi\rangle$ が基底状態 $|0\rangle$ と直交していることは「まずあり得ない」ので、式 (12.15) は基底状態を求める目的で使える。

物理系の一例として、隣り合うスピンが相互作用する「8 サイトのハイゼンベルグスピン鎖」を考えると、そのハミルトニアンは

$$\hat{H} = J\left(\hat{\boldsymbol{S}}_1\cdot\hat{\boldsymbol{S}}_2 + \hat{\boldsymbol{S}}_2\cdot\hat{\boldsymbol{S}}_3 + \hat{\boldsymbol{S}}_3\cdot\hat{\boldsymbol{S}}_4 + \hat{\boldsymbol{S}}_4\cdot\hat{\boldsymbol{S}}_5 + \hat{\boldsymbol{S}}_5\cdot\hat{\boldsymbol{S}}_6 + \hat{\boldsymbol{S}}_6\cdot\hat{\boldsymbol{S}}_7 + \hat{\boldsymbol{S}}_7\cdot\hat{\boldsymbol{S}}_8\right) \tag{12.19}$$

と 7 項の和となる。右辺の各項を $\hat{h}_{i\,i+1} = \hat{\boldsymbol{S}}_i\cdot\hat{\boldsymbol{S}}_{i+1}$ と書き換えて

$$\hat{H} = \hat{h}_{12} + \hat{h}_{23} + \hat{h}_{34} + \hat{h}_{45} + \hat{h}_{56} + \hat{h}_{67} + \hat{h}_{78} \tag{12.20}$$

と表しておくと、より一般的に**最近接相互作用**のみを持つ 1 次元格子模型についても統一的に議論を進められる。一般に隣り合う項は**可換ではない**ので、$e^{-\tau\hat{H}}$ をそのまま扱うのは (特にサイト数が多い場合には) 現実的ではない。そこで、まず $\hat{H}$ を奇数番目の項と偶数番目の項に分けておく。

$$\hat{H}_{\mathrm{odd}} = \hat{h}_{12} + \hat{h}_{34} + \hat{h}_{56} + \hat{h}_{78}\,, \qquad \hat{H}_{\mathrm{even}} = \hat{h}_{23} + \hat{h}_{45} + \hat{h}_{67} \tag{12.21}$$

適当に小さな虚時間 $\Delta\tau$ を選ぶと $e^{-\Delta\tau\hat{H}}$ を近似的に

$$e^{-\Delta\tau\hat{H}} \sim e^{-\Delta\tau\hat{H}_{\mathrm{odd}}} e^{-\Delta\tau\hat{H}_{\mathrm{even}}} \tag{12.22}$$

と表せる。この形へと持ち込んだのは、$\hat{H}_{\mathrm{odd}}$ の各項が**互いに可換**であり、$\hat{H}_{\mathrm{even}}$ についても同様なので、右辺の $e^{-\Delta\tau\hat{H}_{\mathrm{odd}}}$ と $e^{-\Delta\tau\hat{H}_{\mathrm{even}}}$ を

$$e^{-\Delta\tau\hat{H}_{\mathrm{odd}}} = e^{-\Delta\tau\hat{h}_{12}} e^{-\Delta\tau\hat{h}_{34}} e^{-\Delta\tau\hat{h}_{56}} e^{-\Delta\tau\hat{h}_{78}}$$
$$e^{-\Delta\tau\hat{H}_{\mathrm{even}}} = e^{-\Delta\tau\hat{h}_{23}} e^{-\Delta\tau\hat{h}_{45}} e^{-\Delta\tau\hat{h}_{67}} \tag{12.23}$$

と、局所的な演算子の積に変形できるからだ。これを $e^{-\Delta\tau\hat{H}_{\mathrm{odd}}} e^{-\Delta\tau\hat{H}_{\mathrm{even}}}$ に代入したもの（の行列表現）をダイアグラムで表しておこう。

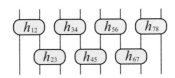

図中の4脚テンソルは、それぞれの場所での $e^{-\Delta\tau\hat{h}_{i\ i+1}}$ を示していて、下側の3つが $e^{-\Delta\tau\hat{H}_{\mathrm{even}}}$ に、上側の4つが $e^{-\Delta\tau\hat{H}_{\mathrm{odd}}}$ に対応している。τ を N 分割して $\Delta\tau = \tau/N$ と選んでおくと、

$$e^{-\tau\hat{H}} \sim \left[e^{-\Delta\tau\hat{H}_{\mathrm{odd}}} e^{-\Delta\tau\hat{H}_{\mathrm{even}}} \right]^N \tag{12.24}$$

という近似的な関係が得られ、**トロッター・鈴木分解**などの名称で知られている。このダイアグラムを縦に描くと場所を取りすぎるので、横倒しで

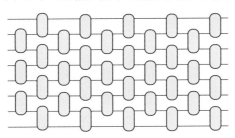

示しておこう。4脚テンソルがネットワークの文字通り網目を組んでいることがわかるだろう。この演算子のネットワークを、**行列積波動関数**で表された $|\Phi\rangle$ に対して作用できれば、$|\Psi(\tau)\rangle$ も効率よく求められる。

【転送行列形式との類似】 $e^{-\Delta\tau\hat{H}_\text{odd}}\,e^{-\Delta\tau\hat{H}_\text{even}}$ を示すダイアグラムは、3.3 節で導入した転送行列を一般化したものとも見なせる。式 (12.24) で導入したトロッター・鈴木分解は、1 次元の量子力学系を**網目のテンソルネットワーク**で表される 2 次元の古典統計模型によって表現する方法と解釈できる。より一般的には、d 次元の量子系と $d+1$ 次元の古典系に同様の関係があり、**量子・古典対応**と呼ばれている。

$e^{-\tau\hat{H}}\,|\Phi\rangle$ を求める第一歩として、まずは $e^{-\Delta\tau\hat{H}_\text{even}}\,|\Phi\rangle$ を計算してみよう。式 (12.23) に示した $\hat{H}_\text{even}$ の表現を代入すると

$$e^{-\Delta\tau\hat{H}_\text{even}}\,|\Phi\rangle = e^{-\Delta\tau\hat{h}_{23}}\,e^{-\Delta\tau\hat{h}_{45}}\,e^{-\Delta\tau\hat{h}_{67}}\,|\Phi\rangle \tag{12.25}$$

を得る。$|\Phi\rangle$ に対応する波動関数 $\Phi_{abcdefgh}$ が式 (12.2) の右辺の形で与えられている場合を考え、$e^{-\Delta\tau\hat{H}_\text{odd}}\,|\Phi\rangle$ に対応するダイアグラムを描いてみる。

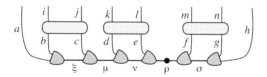

図中の 4 脚テンソル O^{ij}_{bc}, $O^{k\ell}_{de}$, O^{mn}_{fg} は、それぞれ $e^{-\Delta\tau\hat{h}_{23}}$, $e^{-\Delta\tau\hat{h}_{45}}$, $e^{-\Delta\tau\hat{h}_{67}}$ を表現するものだ。ダイアグラムを数式で表すと

$$\sum_{\xi\mu\nu\rho\sigma}\sum_{bcdefg} O^{ij}_{bc}\,O^{k\ell}_{de}\,O^{mn}_{fg}\,A^b_{a\xi}\,A^c_{\xi\mu}\,A^d_{\mu\nu}\,A^e_{\nu\rho}\,D_\rho\,B^f_{\rho\sigma}\,B^g_{\sigma h} \tag{12.26}$$

となっている。特異値 D_ρ を含む場所で部分和を求めると、正準な行列積のまま計算を進められるのであった。部分的な和 $\displaystyle\sum_{\sigma fg} D_\rho O^{mn}_{fg}\,B^f_{\rho\sigma}\,B^g_{\sigma h}$ を先に取り、得られた 4 脚テンソル $Y_{\rho mnh}$ を特異値分解すれば、上図を

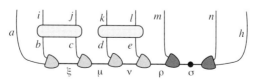

と変形できる。更新されたテンソルは暗く描いた。特異値を左にずらすと、

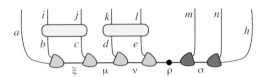

という形になって、今度は O_{de}^{kl} との部分的な和 $\sum_{\nu de} O_{de}^{kl} A_{\mu\nu}^d A_{\nu\rho}^e D_\rho$ の計算が可能になる。以上と同じように、得られた 4 脚テンソル $Y_{\mu k\ell\rho}$ を特異値分解すると、次の図のように計算を進められる。

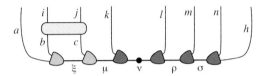

特異値の場所を左に移動させた後に、残った O_{bc}^{ij} についても同様に計算を進められることは明らかだろう。部分和 $Y_{aij\mu}$ を求めて特異値分解すれば、最終的には次の行列積を得て式 (12.26) の計算を終える。右端から左端へと

全てのテンソルが更新されて、ダイアグラム上では色が濃いものとなっている。（念押ししておくと、本節での計算ではテンソルを全て脚の文字で区別して、更新を表すダッシュ記号は全て省略した。）

【並列計算】　いま示した式 (12.26) の計算では、4 脚テンソルを O_{fg}^{mn}, O_{de}^{kl}, O_{bc}^{ij} の順に作用させた。表に出ている特異値が含まれるように縮約を進めと、この順番になる。ところで、Vidal の標準形で行列積を表すと、ギリシア文字で描いた脚には、特異値がいつも目にみえる形で乗っている。従って実は、この標準形を保ちつつ計算を進める場合には、どんな順番で 4 脚テンソルを作用させても良いし、同時に計算を進める**並列計算**も可能である。特異値による割り算などの前処理が必要となるけれども、全体的な計算時間には影響しない。若干、数値誤差が増えるかもしれない。なお細かいことを言うと、並列計算するには 4 脚テンソルが少なくとも近似的にはユニタリーである必要がある。

$e^{-\Delta\tau \hat{H}_{\text{even}}}$ の作用が完了した後に、続けて $e^{-\Delta\tau \hat{H}_{\text{odd}}} = e^{-\Delta\tau \hat{h}_{12}} e^{-\Delta\tau \hat{h}_{34}}$ $e^{-\Delta\tau \hat{h}_{56}} e^{-\Delta\tau \hat{h}_{78}}$ を作用させる計算も同様に進められる。$e^{-\Delta\tau \hat{H}_{\text{odd}}}$ に対応する 4 脚テンソルを行列積に重ねた、下図のダイアグラムがその概要だ。

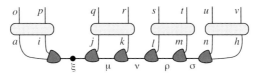

まず最初に行う左端の計算は少し例外的で、4 脚の縮約を経由するならば

$$\sum_{ai\xi} O^{op}_{ai} A^{i}_{a\xi} D_{\xi} B^{j}_{\xi\mu} = Y_{opj\mu} = \sum_{\xi} A^{p}_{o\xi} D_{\xi} B^{j}_{\xi\mu} \tag{12.27}$$

と計算を進めることになる。特異値分解の結果として得られる右辺の $B^{j}_{\xi\mu}$ は、左辺の $B^{j}_{\xi\mu}$ と異なっている場合もある点に、少しだけ注意が必要だ。この計算には多少の無駄があって、3 脚テンソル $Y_{op\xi} = \sum_{ai} O^{op}_{ai} A^{i}_{a\xi} D_{\xi}$ を作った後に特異値分解を行う、下図のような計算方法もある。

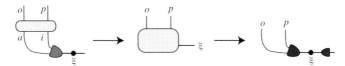

続いて行う O^{qr}_{jk} との縮約と、その次の $O^{st}_{\ell m}$ との縮約は $e^{-\Delta\tau \hat{H}_{\text{even}}}$ の作用と同様に計算を進めることができる。最後の O^{uv}_{nh} との縮約では、式 (12.27) と似通った例外処理を行う必要がある。

　以上のとおり、$e^{-\Delta\tau \hat{H}_{\text{even}}}$ と $e^{-\Delta\tau \hat{H}_{\text{odd}}}$ を行列積 (で表される状態) に作用させる計算を何度も繰り返すと状態が近似的に虚時間発展し、最終的には基底波動関数を精度よく表す行列積が得られる。この手法は**虚時間 TEBD** (Time Evolving Block Decimation) と呼ばれている。計算の途中経過で特異値分解を行う度に、値の小さな特異値を無視する**低ランク近似**を行い、ギリシア文字の脚の自由度を予め設定しておいた最大値 χ 以下に抑えることも重要だ。$\Delta\tau$ の値が小さいほど式 (12.22) や式 (12.24) の近似が良いものとなる一方で、$\Delta\tau$ を小さく選びすぎると式 (12.8) で表される基底状態への収束が遅くなる。最初のうちは $\Delta\tau$ を大きな値に設定しておいて、計算中にだんだんと $\Delta\tau$ を小さくするのが、現実的な選択だろう。(arXiv:2208.00271)

12.3 実時間発展

時刻 t の量子状態 $|\Psi(t)\rangle$ が満たす**実時間発展**の方程式

$$i\hbar \frac{d}{dt} |\Psi(t)\rangle = \hat{H} |\Psi(t)\rangle \tag{12.28}$$

も、系が 1 次元的であれば行列積を使って虚時間発展と同様に取り扱える。$\hbar$ が数式のあちこちに現れるのは煩雑なので、虚時間発展と同じように $\hbar = 1$ と置いて説明を続けよう。適当な初期状態 $|\Psi(0)\rangle = |\Phi\rangle$ から出発すると、式 (12.28) の形式解は $|\Psi(t)\rangle = e^{-it\hat{H}} |\Phi\rangle$ で与えられる。$e^{-it\hat{H}}$ は、微小時間 $\Delta t = t/N$ を使って

$$e^{-it\hat{H}} \sim \left[e^{-i\Delta t \hat{H}_{\text{odd}}} e^{-i\Delta t \hat{H}_{\text{even}}} \right]^N \tag{12.29}$$

とトロッター・鈴木分解できるので、前節で計算したように 4 脚テンソルで表現される局所的な演算子の並びである $e^{-i\Delta t \hat{H}_{\text{odd}}}$ と $e^{-i\Delta t \hat{H}_{\text{even}}}$ を、行列積波動関数によって表された $|\Psi(0)\rangle = |\Phi\rangle$ に作用できる。局所的に取り扱うのは $e^{-i\Delta t \hat{h}_{i\,i+1}}$ で、実時間発展の場合にはユニタリー演算子となる。ダイアグラムと数式を使って計算手順を説明すると前節の繰り返しになってしまうので、「前節の数式に $\tau, \Delta\tau$ が出てきたら、全て $it, i\Delta t$ に置き換える」と言い放って、**実時間 TEBD** について説明したことにしよう。

> **【基底状態の実時間発展】**　虚時間発展により基底状態 $|0\rangle$ を求める計算は一般に安定していて、計算誤差が積もる、つまり虚時間 τ とともに計算誤差が増大することはない。こうして求めた $|0\rangle$（に対応する行列積波動関数）を初期状態として、実時間発展 $|\Psi(t)\rangle = e^{-it\hat{H}} |0\rangle$ を式 (12.29) のトロッター・鈴木分解に従った実時間 TEBD で求めてみよう。数式の上では $|\Psi(t)\rangle = e^{-itE_0} |0\rangle$ と基底状態のままであるハズなのだけれども、数値計算を実行すると計算誤差が積もり、求めた状態 $|\Psi(t)\rangle$ は実時間 t の増大とともに、ゆっくり微妙に $|0\rangle$ から離れていく。とは言っても、基底状態に対する実時間発展の計算は比較的安定していて、誤差の累積も実にゆっくりとしたものだ。計算に使うプログラムが正しく組めているかをチェックするテスト計算に、この実時間発展が使える。

実時間 TEBD は、基底状態 $|0\rangle$ に対して空間のある一点で**局所的に行われた励起**が、その後どのように伝わっていくかを数値的に追跡する用途でよく使われる。式に書き起こすと

$$|\Psi(t)\rangle = e^{-it\hat{H}} \hat{Q} |0\rangle \qquad (12.30)$$

という形のもので、演算子 $\hat{Q}$ の作用で励起が起きる。$e^{-it\hat{H}}$ は式 (12.29) のようにトロッター分解されていると考えよう。励起された**準粒子**が伝わる速さには上限 c があるので、最初に励起された場所から距離が ct 以上離れた場所は、基底状態と同じ物理的性質を示す。概略を図に描いてみよう。

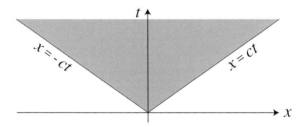

横軸は空間方向の位置 x を示している。影を付けた領域の内部では、$\hat{Q}$ による励起の影響を受ける。その左右の白い領域ではほぼ何の変化もなく、この部分の実時間発展は意図的に計算を省略することも可能だ。

【相関長くらいのしみ出し】 　細かいことを言うと、$\hat{Q}$ がユニタリーではない場合には、基底状態 $|0\rangle$ に $\hat{Q}$ を作用させた時点で**相関長**くらいまでの範囲にその影響が及ぶ。従って**励起エネルギー**が 0 である**ギャップレス**の系では、$t = 0$ の時点ですでに広範囲にわたって状態が変化している。(光速を超えて!) 瞬時に遠くまで影響が及ぶのは、量子力学的なエンタングルメントの現れである、と言っても良いだろう。

　上図のように状態の時間・空間変化を追う数値計算では無限の長さを持つ系は取り扱えないので、最も速い励起が境界に達した時点で反射が起きる。これを嫌う場合には、励起を部分的に吸収する境界条件を設定すると多少の効果がある。また、図中の $x = ct$ で示した直線の付近だけを追跡して計算を進めることも可能だ。(arXiv:1207.0862) 式 (12.29) では時間の刻みを等間隔に取ってあるけれども、$\hat{Q}$ によって引き起こされる物理現象に応

じて Δt を調整する**可変トロッター刻み**を使えば、計算精度を高められる
かもしれない。**多時間理論**のように、空間的に限られた領域のみを時間発
展させる計算も、何の役に立つかは不明だけれども形式上は可能だ。

少し違った用途では、$\hat{H}$ の基底状態 $|0\rangle$ に対して、$\hat{H}$ とは異なるハミ
ルトニアン $\hat{H}'$ の下での実時間発展

$$|\Psi(t)\rangle = e^{-it\hat{H}'}|0\rangle \qquad (12.31)$$

を求める、**クエンチ**と呼ばれる過程を追うものがある。$|0\rangle$ は、$\hat{H}'$ の励起状
態も含んだ固有状態の重ね合わせであり、実時間発展を始めた途端 $(t > 0)$
に系のあらゆる場所から**準粒子**が飛び回って、時刻 t に比例する勢いで
(?!) エンタングルメントが大きくなっていく。同様の変化は、式 (12.30)
で $\hat{Q}$ が系全体にわたって一様に作用する場合にも起こる。結果として、計
算精度を保つのに必要な自由度 χ の大きさが時刻 t とともに増大してい
き、χ が計算可能な上限に達した時刻から後は、目に見えて計算誤差が大
きくなる。χ の上限値をいくつか設定して、さまざまな演算子 $\hat{O}$ の期待値
$\langle\hat{O}\rangle = \langle\Psi(t)|\hat{O}|\Psi(t)\rangle$ が χ 依存性を持たない時刻までの計算結果を、信頼
できるものと考えるのが無難だ。

【無限に長い一様な系の扱い】 時刻 t によらず $|\Psi(t)\rangle$ が空間的に一様で
ある場合には、対応する行列積波動関数も同じ要素を持つ 3 脚テンソル
の縮約で表される。この条件下で 3 脚テンソルの時間発展を求める計算
方法は **infinite TEBD** と呼ばれている。(arXiv:cond-mat/0605597)

以上で概説した実時間発展の詳細に辿りつけるよう、文献をいくつか紹
介しておこう。量子操作を追うのに便利な Vidal の標準形は arXiv:quant-
ph/0301063 で導入され、これに基づく TEBD は arXiv:quant-ph/0310089
や arXiv:cond-mat/0406440 に掲載されている。arXiv:cond-mat/0403313
や arXiv:cond-mat/0403310 で導入された**実時間の密度行列繰り込み群**も、
細かな差異は別にして、基本的には同じ計算である。これらの発展の発端
となった、Cazalilla と Marston による「繰り込まれたハミルトニアンを
そのまま使った時間発展形式」arXiv:cond-mat/0109158 もまた、引用され
るべき文献の 1 つだろう。

12.4 量子操作・量子コンピューター

実時間発展で扱った $e^{-i\Delta t \hat{h}_{i\,i+1}}$ など、**ユニタリー**な演算子の量子状態への作用は、実際の物理系で**量子操作**として実験して見せることが、原理的には可能である。もちろん、さまざまな困難を技術的に乗り越えなければならない。一方で、虚時間発展で扱った $e^{-\Delta \tau \hat{h}_{i\,i+1}}$ は**非ユニタリー**な演算子で、その作用が物理的な過程にそのまま対応しているわけではない。

量子力学的な物理過程を使って計算を進める**量子コンピューター**の典型的な動作は、ユニタリーな量子操作と非ユニタリーな過程である**量子測定**の組み合わせによって進められる。その動作は普通の計算機、つまり**古典コンピューター**によって**シミュレート**することが可能だ。波動関数 $\Psi_{abcde\cdots}$ を近似することなく格納できる小規模な量子コンピューターであれば、精密にシミュレーションを進められる。**量子回路**に描かれる横線が表す**量子ビット** (q-bit) の数が増えると、波動関数を厳密には保持できなくなるので、行列積波動関数などのテンソルネットワークで状態を近似的に表現した上で、回路に描かれた**量子ゲート**を作用させていくことになる。この場合、どんな順番で作用させ、どのように部分和を取っていくかの判断が重要だ。不適切な手順を選んでしまうと、意図しない (?) エンタングルメントの増大に直面し、シミュレーションが破綻する。

【量子超越性を巡って】 ある量子計算の過程が古典コンピューターによって、現実的な計算量の下でシミュレートできる場合には、その計算にわざわざ量子コンピューターを使う必要がない。どう頑張ってもシミュレートできない量子計算が実現できた時点で、量子コンピューターの方が**優れた計算能力を持つ**ような計算処理もあるのだと、初めて主張できる。このような**量子超越性** (quantum supremacy) が達成されたとする事例が 2019 年に論文 Nature volume **574**, pages 505-510 (2019) として公開された。（関連資料 arXiv:1910.11333）その直後から、この文献で見積もられたシミュレーションに必要な時間が、実は不必要に長いものであるという指摘が相次いだ。例えば arXiv:2103.03074 などが挙げられる。いまの時点では、超越性が明確に達成されたかは微妙な状況となっている。

　行列積波動関数を使った量子計算のシミュレーションのうちで、最も早期に行われた事例としては文献 arXiv:quant-ph/0411205 で広報された**グローバーのアルゴリズム**による**量子検索**が知られている。この計算では長距離にわたる量子操作が繰り返されるけれども、物理的には**ユニタリーな回転操作**となっていて、意外と数多くの q-bit が並ぶ系まで安定してシミュレートできることが確認されている。もう 1 つの事例として、**量子断熱計算**への応用を報じた arXiv:quant-ph/0503174 は、局所的な過程を積み重ねて演算を進める事例の 1 つとなっている。新しい分野が開拓される際には、往々にして引用すべき論文が見当たらないもので、この文献からの引用文献もとても少ない。（蛇足ながら、2000 年代当初には重要なテンソルネットワーク文献が論文掲載に至らないことも目立つ。）

　論文をいろいろと眺めていて Variational Quantum Eigensolver (VQE) という用語に出会ったら、それは行列積などでシミュレート可能であることは覚えておいて良いだろう。(arXiv:1304.3061) 2 度目の紹介になるけれども、最近の文献では量子フーリエ変換を扱った arXiv:2210.08468 が注目すべきものの 1 つだ。量子状態の表現方法を注意深く選ぶと、実は弱いエンタングルメントの下で計算を進めることが可能であり、行列積を使ったシミュレーションにより精度がよく保たれることが実証されている。

【**量子シミュレーションとは?!**】　**モンテカルロ法**は物理現象をシミュレートする手法として代表的なものの 1 つで、量子物理に限定しても物性物理から原子核理論まで広く使われている。解析の対象が古典統計系であれば**古典モンテカルロ**、量子系であれば**量子モンテカルロ**と、何にモンテカルロを適用するかで接頭語としての古典と量子が使い分けられてきた。一方で、古典コンピューターと量子コンピューターは、演算を行う装置や過程の違いにより古典と量子を区別している。このような状況の下で**量子シミュレーション**が何であるかを問われると、回答に詰まるのである。現在は、シミュレーションの対象が量子系なのだと解釈する人が多数派だけれども、近い将来もそのようであるかは、確信が持てない。

12.5　2 次元古典系の境界を探る

　TEBD の計算手法は、微小時間発展 $e^{-i\Delta t\hat{H}}$ を転送行列に置き換えるだけで、畳の敷き詰め問題や 2 次元イジング模型など古典統計モデルにも適用できる。但し、積み重ねて縮約を取るテンソルは一般にはユニタリーではないので、必要に応じて追加の計算処理を行うことになる。下図左のように、古典統計モデルならではの一風変わった積み重ね方も可能だ。

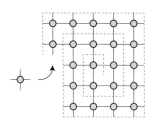 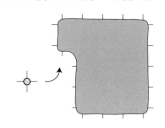

縮約されていない脚だけを残して上図右のように描き直してみると、四角い領域から外側へと伸びる脚を持つ多脚テンソルであることがわかる。これを、行列積で表すと、下図左のように周期境界条件のかかったものとなる。四隅の処理や周期境界条件の取り扱いなど、細かい詰めは必要なのだけれども、原理的にはこのようにして「中心から外へと」計算処理を進めること可能なのだ。

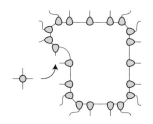 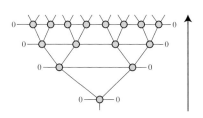

　TEBD が応用できるテンソルネットワークの例として、上図右のような格子も考えられる。5 脚テンソルが階層的に接続されたもので、水平に並ぶテンソルの数が指数関数的に増えていくものだ。この形のネットワークは、境界を調べる HOTRG 手法 (10.7 節) で一度遭遇している。古典統計モデルのテンソルネットワークはとても多彩なので、こういう遊びには事欠かない。

第 **13** 章　　**変分法**

8章で手書き数字の自動認識を考えた際には、式 (8.8) で与えられる **2 乗コスト**を最小化した。このように、何らかの**評価関数**を最小化または最大化することによって進める計算は、一般的に**変分法**と呼ばれる。最も典型的な例は、量子力学系のハミルトニアン $\hat{H}$ に対して、**試行状態**あるいは**変分状態**と呼ばれる状態 $|\Psi\rangle$ を用意して、その**変分期待値**

$$E_{\mathrm{var}} = \frac{\langle\Psi|\hat{H}|\Psi\rangle}{\langle\Psi|\Psi\rangle} \tag{13.1}$$

が最も小さくなる $|\Psi\rangle$ を選ぶものだ。最小化を念頭に置いて $|\Psi\rangle$ を、微小な変化を加えた $|\Psi'\rangle = |\Psi\rangle + \varepsilon\,|\phi\rangle$ に置き換えてみよう。（ε は実数とする。）まず分母 $\langle\Psi'|\Psi'\rangle = \big((\langle\Psi| + \varepsilon\,\langle\phi|\big)\big(|\Psi\rangle + \varepsilon\,|\phi\rangle\big)\big)$ は次のように求められる。

$$
\begin{aligned}
\langle\Psi'|\Psi'\rangle &= \langle\Psi|\Psi\rangle + \varepsilon\,\langle\Psi|\phi\rangle + \varepsilon\,\langle\phi|\Psi\rangle + \varepsilon^2\,\langle\phi|\phi\rangle \\
&= \langle\Psi|\Psi\rangle\left[1 + \varepsilon\,\frac{\langle\Psi|\phi\rangle}{\langle\Psi|\Psi\rangle} + \varepsilon\,\frac{\langle\phi|\Psi\rangle}{\langle\Psi|\Psi\rangle} + \varepsilon^2\,\frac{\langle\phi|\phi\rangle}{\langle\Psi|\Psi\rangle}\right]
\end{aligned} \tag{13.2}
$$

分子 $\langle\Psi'|\hat{H}|\Psi'\rangle = \big((\langle\Psi| + \varepsilon\,\langle\phi|\big)\,\hat{H}\,\big(|\Psi\rangle + \varepsilon\,|\phi\rangle\big)\big)$ も同様に進めて

$$
\begin{aligned}
\langle\Psi'|\hat{H}|\Psi'\rangle &= \langle\Psi|\hat{H}|\Psi\rangle + \varepsilon\,\langle\Psi|\hat{H}|\phi\rangle + \varepsilon\,\langle\phi|\hat{H}|\Psi\rangle + \varepsilon^2\,\langle\phi|\hat{H}|\phi\rangle \\
&= \langle\Psi|\hat{H}|\Psi\rangle\left[1 + \varepsilon\,\frac{\langle\Psi|\hat{H}|\phi\rangle}{\langle\Psi|\hat{H}|\Psi\rangle} + \varepsilon\,\frac{\langle\phi|\hat{H}|\Psi\rangle}{\langle\Psi|\hat{H}|\Psi\rangle} + \varepsilon^2\,\frac{\langle\phi|\hat{H}|\phi\rangle}{\langle\Psi|\hat{H}|\Psi\rangle}\right]
\end{aligned} \tag{13.3}
$$

を得る。式 (13.2) と式 (13.3) を新たな変分期待値 $\dfrac{\langle\Psi'|\hat{H}|\Psi'\rangle}{\langle\Psi'|\Psi'\rangle}$ に代入して、ε^2 を含む 2 次の微小量を無視する近似計算を行うと、式変形の後に

$$
\frac{\langle\Psi|\hat{H}|\Psi\rangle}{\langle\Psi|\Psi\rangle}\left[1 + \varepsilon\,\frac{\langle\Psi|\hat{H}|\phi\rangle}{\langle\Psi|\hat{H}|\Psi\rangle} + \varepsilon\,\frac{\langle\phi|\hat{H}|\Psi\rangle}{\langle\Psi|\hat{H}|\Psi\rangle} - \varepsilon\,\frac{\langle\Psi|\phi\rangle}{\langle\Psi|\Psi\rangle} - \varepsilon\,\frac{\langle\phi|\Psi\rangle}{\langle\Psi|\Psi\rangle}\right]
$$
$$\tag{13.4}$$

を得る。$|\Psi\rangle$ が**最適なもの**であれば、式 (13.1) の E_{var} からの 1 次の変化、つまり ε のかかった項は打ち消し合うので、次式が成立する。

$$\varepsilon\,\frac{\langle\phi|\hat{H}|\Psi\rangle}{\langle\Psi|\hat{H}|\Psi\rangle} - \varepsilon\,\frac{\langle\phi|\Psi\rangle}{\langle\Psi|\Psi\rangle} = 0 \tag{13.5}$$

$|\phi\rangle$ として任意のものが選べる場合、式 (13.5) の**停留条件**は

$$\hat{H}\,|\Psi\rangle = \frac{\langle\Psi|\,\hat{H}\,|\Psi\rangle}{\langle\Psi|\Psi\rangle}\,|\Psi\rangle = E_{\mathrm{var}}\,|\Psi\rangle \tag{13.6}$$

を導く。これは**固有エネルギー** $E_{\mathrm{var}} = E_0$ を持つ基底状態 $|\Psi_0\rangle$ に対する**固有方程式**に他ならない。

ひとくちに変分法と言っても、精密な計算方法から誤差の大きな近似計算まで、さまざまなものがある。とりわけ精密なものとして、適当な初期変分状態 $|\Psi\rangle$ から出発して $\hat{H}$ を順に作用させて得られる状態

$$|\Psi'\rangle = \hat{H}\,|\Psi\rangle, \quad |\Psi''\rangle = \hat{H}\,|\Psi'\rangle, \quad |\Psi'''\rangle = \hat{H}\,|\Psi''\rangle, \cdots \tag{13.7}$$

が張る**クリロフ部分空間**を使う、一群の計算方法がよく知られている。

簡易ランチョス法

最も単純な例として、$|\Psi\rangle$ と $|\Psi'\rangle$ の、2 つの状態を使う "簡易なランチョス法" を手短かに紹介しよう。まず、適当に選んだ状態 $|\Psi\rangle$ は規格化されていると仮定する。$|\Psi'\rangle = \hat{H}\,|\Psi\rangle$ を作り、続いて

$$|\Phi'\rangle = |\Psi'\rangle - \langle\Psi'|\Psi\rangle|\Psi\rangle, \qquad |\Phi\rangle = \frac{1}{\sqrt{\langle\Phi'|\Phi'\rangle}}\,|\Phi'\rangle \tag{13.8}$$

と計算を進めると、$|\Psi\rangle$ に直交する規格化された状態 $|\Phi\rangle$ を得る。この 2 次元の部分空間で線形結合 $\alpha\,|\Psi\rangle + \beta\,|\Phi\rangle$ を考え、$\hat{H}$ の期待値が最小となるものを探してみよう。結合定数 α と β は、**固有方程式**

$$\begin{bmatrix} \langle\Psi|\,\hat{H}\,|\Psi\rangle & \langle\Psi|\,\hat{H}\,|\Phi\rangle \\ \langle\Phi|\,\hat{H}\,|\Psi\rangle & \langle\Phi|\,\hat{H}\,|\Phi\rangle \end{bmatrix} \begin{bmatrix} \alpha \\ \beta \end{bmatrix} = \lambda \begin{bmatrix} \alpha \\ \beta \end{bmatrix} \tag{13.9}$$

の、λ が小さい方の解で与えられる。$a = \langle\Psi|\,\hat{H}\,|\Psi\rangle$, $b = \langle\Psi|\,\hat{H}\,|\Phi\rangle$, $c = \langle\Phi|\,\hat{H}\,|\Phi\rangle$ と書くことにして、固有ベクトルを次のように与えると

$$\begin{bmatrix} a & b \\ b^* & c \end{bmatrix} \begin{bmatrix} 1 \\ x \end{bmatrix} = \lambda \begin{bmatrix} 1 \\ x \end{bmatrix} \tag{13.10}$$

$x = b/(\lambda - c)$ を得る。（簡単のため b が実数の場合を扱った。）数学的には等価な表現 $x = (\lambda - a)/b$ もあるのだけれども、$|\Psi\rangle$ が $\hat{H}$ の基底状態に近い場合

には b がとても小さな値になり計算が不安定となるので、$x = b/(\lambda - c)$ を使うのが良い。規格化

$$\alpha = \frac{1}{\sqrt{1 + x^2}}, \quad \beta = \frac{x}{\sqrt{1 + x^2}} \tag{13.11}$$

を行うと、$|\Psi\rangle$ よりも低い変分エネルギーを与える規格化された変分状態 $\alpha |\Psi\rangle + \beta |\Phi\rangle$ が得られる。これを改めて $|\Psi\rangle$ と置き直せば、再び式 (13.8) から式 (13.11) までの計算を繰り返せる。実際に、1 次元ハイゼンベルグモデルなどにこの簡易ランチョス法を適用すると、割と速やかに基底エネルギーと基底波動関数が得られる。(うまく収束しない場合は、大抵どこかで 0 に近い数による割り算など、まずい計算が行われている。)

【**ランチョス法**】　クリロフ部分空間の中で反復計算を進める (簡易ではない) ランチョス法は、行列次元が大きくて、0 ではない行列要素の数が比較的少ない**大規模疎行列**の最小固有値や最大固有値を求める計算手法としてよく使われる。精度は落ちるのだけれども、固有値を小さい方から、あるいは大きい方から何個か求めることも可能だ。こうして固有値 λ を求める過程で、**ランチョスベクトル**と呼ばれる固有ベクトルの近似も得られる。その精度は、**逆反復法**に**共役傾斜法**を組み合わせた改良を経てさらに高めることが可能だ。固有ベクトルを求める目的の計算手法として、**Davidson 法**や GMRES 法も知っておくと良いだろう。ここで挙げたキーワードから、それぞれの手法の詳細は検索で容易に得られるだろう。

　さて、テンソルネットワーク形式で取り扱われる数値的な計算処理は、おおよそが**変分原理**や**変分形式**に関係したものであると言って良いだろう。変分状態 $|\Psi\rangle$ を表す波動関数が、**低ランク近似**などによって自由度の制限されたテンソルネットワークである場合が、その代表的なものだ。この場合、より良い変分エネルギーを得るには、変分波動関数を構成するテンソルをそれぞれ、微小に変化させて改良を進めていくことになる。実際的には、次節で紹介する**密度行列繰り込み群**のように、明示的な形で変分波動関数の最適化を素早く行う計算手法もあれば、ともかくランダムにテンソルの要素を変化させて、変分エネルギーが下がればその変化を採択し、そうでなければ棄却する**ストカスティックな最適化**を行う手法もある。

13.1 密度行列繰り込み群

畳の敷き詰め問題やイジング模型など、規則的な格子上で**転送行列** T によって記述される古典統計力学モデルにも、変分法を適用できる。(対称な) 転送行列の 1 段あたりの**分配関数**、つまり T の**最大固有値** Λ について、次のように**試行ベクトル** Ψ を使った変分的な評価が可能だ。

$$\Lambda_{\mathrm{var}} = \frac{\Psi^T T \Psi}{\Psi^T \Psi} \tag{13.12}$$

但し Ψ^T は Ψ を転置したものだ。量子力学系についての式 (13.1) との対応は、$T = e^{-\Delta\tau \hat{H}}$ と形式的に表すと見えてくるだろうか。Ψ をテンソルネットワークで構成して、なるべく大きな Λ_{var} を得る方法を考えてみよう。

> **【非対称な転送行列】**　統計力学模型では転送行列 T が非対称であることも珍しくなく、そのような場合には転送行列の右側から作用する Ψ と、左側から作用する Φ^T が異なる前提で、変分期待値 Λ_{var} を評価しなければならない。これには、少しだけ追加的な考察が必要となる。また、**ランダム系**など、転送行列が明示的に組めない場合もある。議論を簡単にするために、以下では T が対称である場合のみを考える。

下図のように 4 脚テンソルの縮約 (MPO) で与えられる転送行列 T について、Λ_{var} の計算方法を考えてみよう。ダイアグラムのとおり、右端と左端には境界条件を定める 3 脚テンソルが置かれている。

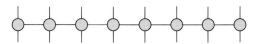

試行ベクトルとして行列積、例えば次の形のもの

$$\Psi_{abcdefgh} = \sum_{\xi\mu\nu\rho\sigma} A^b_{a\xi} A^c_{\xi\mu} A^d_{\mu\nu} A^e_{\nu\rho} D_\rho B^f_{\rho\sigma} B^g_{\sigma h} \tag{13.13}$$

を仮定して、Λ_{var} を最大化するようにテンソルを逐次的に改良していく手順を考えてみよう。但し、ギリシア文字で表された**補助変数**の自由度は、予め定めておいた上限値 χ 以下となるよう制限する。これは、**密度行列繰り**

込み群 (Density Matrix Renormalization Group, **DMRG**) の名前でよく知られた手法だ。式 (13.2) の分母に現れる内積 (絶対値、ノルム)

$$\mathbf{\Psi}^T \mathbf{\Psi} = \sum_{abcdefgh} \left| \Psi_{abcdefgh} \right|^2 = \sum_{\rho} \left(D_{\rho} \right)^2 \tag{13.14}$$

が 1 となる規格化された試行ベクトルを使うと、式 (13.12) の分子 $\mathbf{\Psi}^T T \mathbf{\Psi}$ がそのまま Λ_{var} となって都合が良い。分子のダイアグラムも描こう。

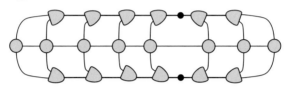

自由度 χ の低ランク近似の下では、右端あるいは左端から順番に部分和を求めていく計算手順により $\mathbf{\Psi}^T T \mathbf{\Psi}$ の値を速やかに評価できるので、それぞれのテンソルの要素を少しずつ変更してみて、行き当たりばったりに Λ_{var} の最大化を図るという力技の計算でさえ、充分に実用的な選択だ。

　密度行列繰り込み群では、横に並ぶ 2 つの 3 脚テンソルに着目して、より効率的に $\mathbf{\Psi}$ を改良していく。式 (13.13) に含まれる $A^d_{\mu\nu} A^e_{\nu\rho} D_{\rho}$ を更新する目的で、この部分を上図の $\mathbf{\Psi}^T T \mathbf{\Psi}$ から抜き去った 8 脚テンソル

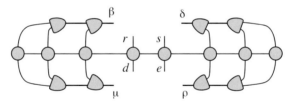

を作ろう。脚 d, e, r, s がそれぞれ 2 状態の脚であれば、上図の $\tilde{T}^{\beta rs\delta}_{\mu de\rho}$ は、$(\mu de\rho)$ と $(\beta rs\delta)$ を脚に持つ $4\chi^2$ 次元の対称行列と見なせる。固有方程式

$$\sum_{\mu de\rho} \tilde{T}^{\beta rs\delta}_{\mu de\rho} Y_{\mu de\rho} = \Lambda'_{\mathrm{var}} Y_{\beta rs\delta} \tag{13.15}$$

を解いて得られる**最大固有値** Λ'_{var} が、もとの $\Lambda_{\mathrm{var}} = \mathbf{\Psi}^T T \mathbf{\Psi}$ 以上であることに注目しよう。規格化された固有ベクトル $Y_{\mu de\rho}$ を特異値分解すると

$$Y_{\mu de\rho} = \sum_{\nu} A^d_{\mu\nu} D_{\nu} B^e_{\nu\rho} \tag{13.16}$$

と、**更新された**テンソル $A_{\mu\nu}^{d}$, D_{ν}, $B_{\nu\rho}^{e}$ が得られる。波動関数全体としては

$$\Psi_{abcdefgh} = \sum_{\xi\mu\nu\rho\sigma} A_{a\xi}^{b} \, A_{\xi\mu}^{c} \, A_{\mu\nu}^{d} \, D_{\nu} \, B_{\nu\rho}^{e} \, B_{\rho\sigma}^{f} \, B_{\sigma h}^{g} \tag{13.17}$$

となり、特異値の場所が 1 つ左に移動する。（記号が煩雑にならないよう、更新されたテンソルも更新前と同じ記号で表している。）ここで、脚 ν の自由度は χ 以下に制限する。D_{ν} が ν の増加に対して速やかに減衰する場合、より小さな自由度に制限しても構わない。

【密度行列?!】 本書の前半の 5.2 節で触れたように、特異値分解は**密度演算子**や、その行列表示である**密度行列**と密接に関係している。また、転送行列 T と並んだ 3 脚テンソルとの縮約を経て $\tilde{T}$ を得る操作は、その計算手続きだけに注目すると実空間での**繰り込み群変換**と見なせる。これらが、密度行列繰り込み群という名称の由来である。ただ、**繰り込み群**に特徴的な**スケール変換**は行われない。

次に着目して改良を進めるのは式 (13.17) の $A_{\xi\mu}^{c} \, A_{\mu\nu}^{d} \, D_{\nu}$ の部分で、ここを抜き去って作った対称行列 $\tilde{T}_{\xi cd\nu}^{\alpha q r\gamma}$ に対して、式 (13.16) と同様に固有方程式を解き、最大固有値 Λ_{var}'' に対応する固有ベクトル $Y_{\xi cd\nu}$ を特異値分解して、更新されたテンソル $A_{\xi\mu}^{c}$, D_{μ}, $B_{\mu\nu}^{d}$ を得る。このような更新操作は次々と続けることができて、着目する部分が左端までやってきて $A_{a\xi}^{b} \, A_{\xi\mu}^{c} \, D_{\mu}$ の更新を終えたら、今度は $D_{\xi} \, B_{\xi\mu}^{c} \, B_{\mu\nu}^{d}$ に着目し、その次は $D_{\mu} \, B_{\mu\nu}^{d} \, B_{\nu\rho}^{e}$ へと右へ向かって順番に更新を続けていく。更新する場所が右端に達したら、再び左向きに更新作業を順次行う。このように何往復かする計算手順はジッパーの上げ下げ (?!) を模して **Zipping** と呼ばれている。その過程で $\tilde{T}$ の最大固有値は一定値へとほぼ収束し、転送行列 T の良い変分ベクトルが低ランク近似された行列積波動関数の形で得られるのだ。

式 (13.15) のように、**繰り込まれた転送行列** $\tilde{T}$ の最大固有値を求め、対応する固有ベクトル Y を求める数値計算には、（名称だけを）前節で紹介した**ランチョス法**が適している。**クリロフ部分空間**を張る**ランチョス基底**を生成する際に、$\tilde{T}$ とベクトルの積しか使わないことが重要だ。この理由により $\tilde{T}$ は明示的には作らない。次ページの図に示したように左右の縮約と 4 脚テンソルに分けて持っておいて、$\tilde{T}$ とベクトルの積の計算が必要となっ

た際に、それぞれの部分との縮約を順に取って、計算量を少なく保つのだ。

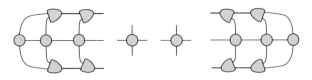

これら $\tilde{T}$ を構成する部分和は再帰的に構成できる。例えば更新する部分を1つ左に移動する際には、上図右側の部分和に対して3脚テンソル2つと4脚テンソル1つを付け加えて、そのダイアグラム上の長さを増やす。一方で $\tilde{T}$ の左側の部分和については、上図左側の部分和を作る過程ですでに作られていた長さの短いものを、ファイルやメモリーから読み出して使う。このように $\tilde{T}$ を毎回忠実に作らなくて良いので、数値計算を高速化することが可能となる。プログラミング上の細かな工夫は、必要になったときに調べると直ちに情報収集できるので、ここから先の詳細は省略しよう。

量子系の場合

　DMRG の原理を理解するには古典統計系の方が直感を得やすいので、以上では転送行列 T に対する変分計算について解説した。T が局所的な重率を表す4脚テンソル W の縮約で定義されるように、量子力学系の**ハミルトニアン** $\hat{H}$ は、局所的な相互作用演算子 $\hat{h}_{ij}$ の和で表される。従って、形式上は「積を和に置き換えるだけ」で、量子力学系にも同様に DMRG を適用することが可能だ。歴史的には、DMRG は量子系に対する数値的な実空間繰り込み群として提唱された数値解析法であり (Phys. Rev. Lett. **69**, 2863 (1992); Phys. Rev. B **48**, 10345 (1993))、古典統計系への拡張は少し後に導かれたものだ。(arXiv:cond-mat/9508111)

【**実時間 TEBD の変分原理**】　12.3 節で紹介した TEBD 法もまた、変分原理に基づいたものである。量子力学的な状態の時間発展は、**ラグランジュ形式の最小作用の法則**で記述できる。それぞれの時刻の波動関数 $\Psi(t)$ が低ランク近似の行列積で与えられる状況を念頭に置けば、隣り合う時刻の間の量子力学的な時間発展が、この変分形式に従って記述されることに自然と気づくだろう。(arXiv:cond-mat/0612480, arXiv:1103.0936)

13.2　木構造を使った変分法

　変分ベクトルや変分波動関数を、行列積を一般化した**木構造**で表すこともできる。例えば下図のような木構造を使った、転送行列 T の最大固有値に対する変分評価 Λ_{var} を考えてみよう。木構造の形状にはさまざまな選択肢があり、行列積を使うよりも精密な Λ_{var} を得ることも期待できるからだ。

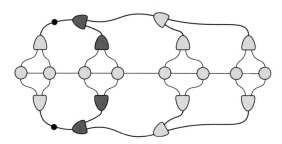

　簡単のため、以下では正準な木構造で、規格化されているものを考えよう。変分ベクトルを改良する方法は、黒丸で表された特異値 D に隣接する3脚テンソル（図中で色の濃いもの）を2つ選び、それを取り去った8脚テンソル $\tilde{T}$ に対する固有ベクトル Y を求め、特異値分解を通じて D の位置が移動した正準な木構造を新たに得ることの繰り返しだ。これらの手続きは、密度行列繰り込み群の計算手続きとほぼ同じである。全てのテンソルを順序よく巡るには、改良が終わった3脚テンソルに目印（フラグ）を付けておき、まだ手を付けていないテンソルへと特異値を移動していけば良い。

【構造最適化】　　木構造の形状はいろいろとあって、樹形によって Λ_{var} の評価が異なるものとなる。全ての形状を調べ尽くすのが確実だけれども、系の大きさ（サイト数）N が大きいときには現実的ではない選択だ。どうにかして適当な形状を決定する必要がある。7章で示したとおり、木構造は**基本変形**を通じていろいろな形へと組み換えられる。そこで例えば、**行列積**のような単純な木構造を出発点として、**枝の組み換え**を行う変形を次々と重ねることが考えられる。より**エンタングルメント**が小さくなる**自然な木構造**（7.6 節）へと自動的に構造変形を続けるわけだ。(arXiv:2209.03196) このように**構造最適化**を経て得られた木構造は、(?) エンタングルメントの階層構造を反映していることだろう。

13.3 テンソル積状態

身の回りを見渡すと **3 次元的な物質** で溢れていて、その表面は 2 次元面だ。このような **高次元** （業界的には 2 あるいは 3 次元以上）の系を変分法で取り扱うには、変分ベクトルや変分波動関数もまた、2 次元的・3 次元的な広がりを持ったもので表現する必要がある。

例えば、転送行列 T が下図の 2 次元的なダイアグラムで表される、**3 次元の統計力学模型** を考えてみよう。T は図の左上に示した構成要素の 6 脚テンソルを、格子状に並べて縮約を取ったものだ。水平方向の境界では固定端条件または自由端条件が課されているとしよう。**3 次元イジング模型** もまた適当な変換を経て、このように表現できる。下方に伸びる脚の集合と、上方に伸びる脚の集合が、それぞれ T の行列としての脚となる。

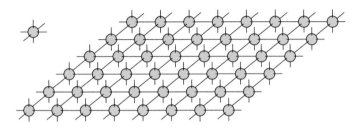

この、2 次元的な転送行列に対する変分ベクトル $\boldsymbol{\Psi}$ をテンソルネットワークで表そうとすると、誰でも自然に下図のような、5 脚テンソルの間で縮約を取ったものへと導かれる。考案された時期によって呼び名はさまざまで、近年では **Tensor Product State** (TPS) (arXiv:cond-mat/0011103, 0303376, 0412192) あるいは **Projected Entangled Pair State** (PEPS) (arXiv:cond-mat/0407066) などと呼ばれている。

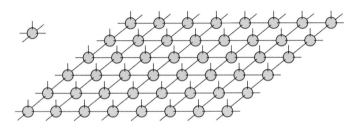

行列積や木構造には、内積が容易に求まる**正準形**が存在する。一方で、TPS/PEPS ではそのような標準形が、いくつかの限られた例外を除いて構築できない。従って変分形式では、分母に現れる TPS/PEPS の内積 $\Psi^T \Psi$ も求める必要がある。ダイアグラムで描くと、下図の左上に描いた 8 脚テンソルを並べた、2 層になった正方格子での縮約となる。これは実質的に 2 次元格子上の古典統計模型なので、**角転送行列繰り込み群** (CTMRG) などの計算手法によって、その値を求められる。あるいは文献 arXiv:cond-mat/9901155 で行われたように、**密度行列繰り込み群** (DMRG) を使って内積を評価しても良い。

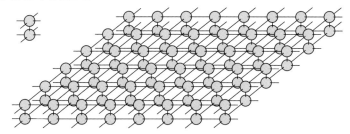

【規格直交化】 　規格化された TPS/PEPS の構築方法として、テンソルに直交性を持たせた Isometric Tensor Network (arXiv:1902.05100, arXiv:2112.08394, arXiv:2211.14337) が提案されている。直交性を課すと、汎用ではなくなる可能性もあり、有効性の確認が行われている最中だ。

変分形式の分子 $\Psi^T T \Psi$ も描いておこう。こちらは下図の左上に示された 12 脚テンソルを並べた 3 層の正方格子となり、計算量は大きくなるけれども、こちらも CTMRG や DMRG などを使って数値評価できる。

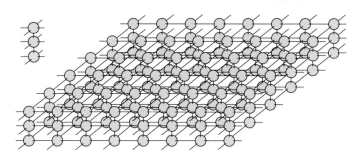

分母の $\Psi^T \Psi$ も分子の $\Psi^T T \Psi$ も値が計算できるので、その比 Λ_{var} が大きくなるよう Ψ を構成する 5 脚テンソルを最適化することが、変分計算の本質となる。ある定まった大きさ $L \times L$ の系を取り扱う場合には、各格子点上に位置する 5 脚テンソルをそれぞれ独立に調整することになる。これはかなり面倒な計算なので、実際的には充分に L の値が大きい**熱力学極限**を考えて、（バルクでの）並進対称性を仮定して計算を進めることがほとんどだ。この場合、格子点あたりの**自由エネルギー**（k はボルツマン定数, t は温度）

$$f(L) = -\frac{kt}{L \times L} \log \Lambda_{\mathrm{var}} \tag{13.18}$$

の $L \to \infty$ での極限値 $f(\infty)$ を求め、これを**最小化**することになる。**有限サイズ効果**により $f(L)$ の L に対する収束は緩慢なので、漸化式（3.5 節参照）などを使って収束を加速させることが多い。

最適化の方法

$f(\infty)$ を最小化するような 5 脚テンソルを探し出す方法はいくつかある。$f(\infty)$ の、5 脚テンソルの要素の変化に対する**勾配**を使う**最速降下法**は、まず誰もが思いつく手段の 1 つだろう。**自動微分**を使うと、簡素にプログラムを実装できる。確率的に 5 脚テンソルの最適化を試みる**モンテカルロ法**を使うのも、最適化の出発点を探すような粗い計算には有効だ。堅実な選択肢としては、変分計算の分母・分子それぞれから向かい合う 5 脚テンソルを 1 組だけ取り去って**環境テンソル**を作り、局所的に線形な **2 次形式**（を使った一般固有値問題）に追い込むものがある。**Full update** と呼ばれるこの方法の計算量はとても多いのだけれども、自由度 χ の制限の下で、最も良い $f(\infty)$ の変分評価を与える。今なおさまざまな提案がなされている最中で、計算の効率化は今後も追求され続けることだろう。

> **【ループは苦手】** TPS/PEPS まで議論を進めて、ようやくテンソルネットワークの名前のとおり、網の目のようなダイアグラムが出てきた。実は、網の目のように**ループを含むネットワーク**は取り扱いが厄介で、例えば周期境界条件なども 2004 年頃まで、扱い方が不明であった。さらにループだらけの 3 次元量子系・4 次元古典系の扱いは、まだ始まったばかりだ。

第 **14** 章　　**再発見の歴史から未来へ**

　テンソルネットワークは、その用語が定着する以前からいろいろな研究分野で独自に編み出され、使われ始めたものだ。この辺りの経緯をちょっとだけ眺めた後に、これから先の発展についても推測 (邪推?!) してみよう。1920 年頃に提唱された**イジング模型** (3.7 節) では、分配関数を求める**配列和の計算**がテンソルネットワークそのものであった。まずは、**統計力学模型の記述手段**としてテンソルネットワークが使われ始めたわけだ。

　1931 年に Bethe によって提唱された、1 次元反強磁性ハイゼンベルグ模型の基底状態を求める計算手法 (Zeitschrift für Physik. **71**, 205 (1931)) は後に Bethe 仮説と呼ばれる、1 次元量子系に対する **厳密解法**の発端となった。初期にはテンソルネットワークの影が薄いけれども、Lieb と Linger による δ 関数ボーズ気体の解析 (Phys. Rev. **130**, 1605 (1963)) や、Lieb と Wu による**ハバード模型**の厳密解の構成 (Phys. Rev. Lett. **20**, 1445 (1968)) などを経て**代数的ベーテ仮設**や逆散乱法へ至る過程で、**散乱行列**のテンソルを使った記法や、数式のダイアグラム表示が広く使われるようになった。例えば

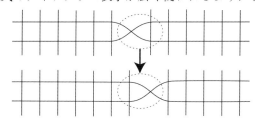

上図の**可換転送行列**を示したダイアグラムは、線が十字に交わる部分が 4 脚テンソルを表していて、現在の視点に立てばテンソルネットワークそのものである。破線で囲った部分には有名な**ヤン・バクスター方程式**も含まれている。このような簡素なダイアグラム表示は、相前後して**量子群**や**共形場理論**などにも持ち込まれ、T 字型のテンソルで表現された行列積や木構造が、すでにこの頃から使われていた。詳細は Korepin らの著書 (ISBN 9780511628832) や Gomez らの著書 (ISBN 9780511628825) から拾えるだろう。神保による著書 (ISBN 9784621064672) では**ホップ代数**などとの関わりも学べる。なお今世紀に入って、Murg らはテンソルネットワークの記法で Bethe 仮設を記述することを試みている。(arXiv:1201.5627)

時代を遡ると、Kramers と Wannier は 1941 年に 2 次元イジング模型の転送行列固有値を**変分的に評価する方法** (Phys. Rev. 60, 263 (1941)) を提唱した。この論文に関する限りテンソルネットワークらしい記述は見当たらないかもしれない。Baxter は 4 章・6 章でも触れたように、1968 年に行列積による変分形式を提唱した。この文献 (J. Math. Phys. 9, 650 (1968)) では行列積を構成する 3 脚テンソルが 2 つの行列に分けて表され、全ての計算が行列とベクトルに関する線形演算で簡素に記述されている。後に Baxter は、正方格子イジング模型に $\chi = 2$ の行列積を適用すると、Kramers と Wannier による近似計算と等しい熱力学量を得ることを示した。(J. Stat. Phys. 19. 461(1978))Baxter の変分形式は、自由度 χ の概念を導入した上で、数値計算により最適化を行うものであり、今日に至るテンソルネットワーク形式の起点と考えられる。あまりにも時代に先駆けている提案は往々にして注目を浴びないもので、長い期間にわたって細々と相転移の解析などに使われるだけの状況が続いた。当時の計算機の性能は低く、計算機利用時間が割り当てられる機会が限られていたのも一因だろう。

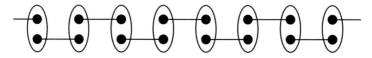

　Haldane が論じた、整数スピンの 1 次元ハイゼンベルグスピン系が示す非臨界な性質 (Phys. Rev. Lett. **50**, 1153 (1983)) は注目を集め、量子系へ行列積が導入される下地となった。Affleck, Kennedy, Lieb, Tasaki は $\chi = 2$ の行列積波動関数が厳密な基底状態となる量子ハミルトニアンを発見し、今日では **AKLT 模型**と呼ばれている。(Phys. Rev. Lett. **59**, 799 (1987); Comm. Math. Phys. **115**, 477 (1988)) この状態の描画に使われた上図のダイアグラムは、行列積や PEPS のダイアグラムとの良い対応がある。Fannes, Nachtergale, Werner は行列積状態が**有限の相関長**を持つことから、行列積状態を **Finitely Correlated State** と呼び表している。(Europhys. Lett. **10**, 633 (1989); Comm. Math. Phys. **144**, 433 (1992); **174**, 477 (1995)) ほぼ同じ時期に、Derrida は**非平衡定常系**に対して、状態が行列積で表現できる実例を示した。(J. Phys. A. Math. Gen. **26**, 1493 (1993)) このように行列積はまさに、**重要な理論形式は何度も再発見される**という実例となっている。

1990 年代に入り 1 次元格子系の物理的性質に注目が集まっている状況の下で、13.2 節で紹介した**密度行列繰り込み群** (DMRG) が 1992 年に登場し、**実用的な数値計算の道具**として使われ始めた。提唱者 White の言葉を借りると「人々はゆっくり飛びついた」とのことで、画期的なものほど人々は**食わず嫌い**に陥るのかもしれない。後に Östlund と Rommer は、DMRG が行列積を変分波動関数とする変分法であることを見出した。(Phys. Rev. Lett. **75**, 3537 (1995); Phys. Rev. B **55**, 2164 (1997)) 1990 年代末にもなると DMRG は広く**強相関系**の解析に使われ、**励起スペクトル**の計算や、**有限温度の熱力学量**を求める手法なども次々と提案された。この頃に提唱された工夫の数々は、テンソルネットワーク形式への芽生えでもある。

【早すぎると注目されない】　著者はこの頃、DMRG を 2 次元イジング模型に適用する方法を考え、文献 (arXiv:cond-mat/9508111) にまとめた。同時期に同じアイデアを思いついた方が複数居たらしい。その後に、共同研究者とともに 4 章で紹介した Baxter の角転送行列形式に被せる形で、6 章で解説した CTMRG(arXiv:cond-mat/9507087) へと行き着いた。これらも時期尚早だったらしく、キーワード "CTMRG" としては 2 次元量子系の変分形式に CTMRG を適用した Orus らの提案 (arXiv:0905.3225) の方が、広く知られているようだ。ともかくも、CTMRG について言及する際には、元祖 Baxter の 1968 年の文献は必ず引用されるべきである。

　行列積を使う限り、1 次元的なものしか取り扱うことができない。実は、2 次元量子系の波動関数をテンソル積で構成する実例は、AKLT 模型の枠組みですでに与えられていた。(Comm. Math. Phys. **115**, 477 (1988)) これを一般化した 2 次元的な VBS 状態に対して、Hieida らは相関関数などを DMRG によって評価した。(arXiv:cond-mat/9901155) この手法は今日では境界行列積 (Boundary MPS) と呼ばれている。 3 次元古典系の 2 次元的な転送行列に対しては、13.3 節 で取り上げた $\chi = 2$ の TPS による変分評価 (arXiv:cond-mat/0011103) が、数値的に変分評価を行う目的で TPS を利用する試みの発端となっている。テンソルの要素を自動的に最適化する点が重要だ。量子系に対しては PEPS (arXiv:cond-mat/0407066) の呼び名で、同等の変分関数が後に提唱された。

今世紀初頭からは**量子情報の概念**、特に**エンタングルメント**が導入され、10章で紹介したテンソル繰り込み群、11.1 節で紹介した MERA (arXiv:0707.1454) や、12.3 節で扱った時間発展を追跡する TEBD など、新たな視点に基づくさまざまな提案が爆発的に行われて今日に至る。いきなり省略しなければならないほど、多岐にわたる提案が相次ぎ、現在なお新しい論文が日々 arXiv プレプリントサーバーに投稿されているのだ。8 章で紹介した手書き数字認識 (arXiv:1605.05775) など、機械学習に関連した工学的な応用も、最近では目立つようになった。画像処理では特異値分解、動画では **Tucker 分解**など、関連した技法が使われ、画像認識や画像圧縮に役立っている。テンソルネットワークは基本的に線形演算なので、GPU を使った並列計算など既存技術との相性が良いことも、近年の発展の要因だろう。

　このように研究の関心が多岐にわたることから、それぞれの分野で独自に編み出された言葉づかいだけでは、関連分野との意思の疎通がスムーズには行かない。いまなお行列積 (Matrix Product) とテンソル列 (Tensor Train) など、数学的には同じものに別の名前が使われ続けている事例も多い。理学と工学では興味関心や視点、そして論文の書き方も異なるものだ。こういう背景から、**"テンソルネットワーク"**を始めとする新しい専門用語がようやく整備されつつある今日だ。素粒子物理学を中心に広く使われている**ファインマンダイアグラム**もまた、脚の自由度が連続であるテンソルネットワークであるという、そんな話題もチラホラと聞こえてくる。

【**ともかく検索**】　今世紀に入ってからのテンソルネットワーク関連の文献は、ほとんどがプレプリントとして公開されているので、何か情報を集める必要が生じたら、目的とするキーワードに arXiv を付け加えて検索するのが早道だ。有名な iTensor のような計算パッケージも公開されているので、ダウンロードすれば直ちに誰でもテンソルネットワークを使った数値計算が実行できる。但し、効率的に使える限界を知っている必要がある。本書を読み終えて、次は何を読もうか? と思ったら Tensor Network review introduction ... などキーワードを並べて、リターンキーを押して検索してみよう。本書がヒットするかもしれない。国際会議の映像なども動画検索で容易に拾え、当代の研究者たちの素顔を垣間見ることが可能だ。

ダイアグラム今昔

　この章の冒頭で図に示したように、1980 年頃にはすでに、**厳密解**の研究分野では転送行列をダイアグラムで表現していた。改めて、下図左に描いておこう。横線と縦線が十字に交わる部分で 4 脚テンソルを表していたわけだ。テンソルネットワーク的 (?) に描くと、下図右のようになる。**共形場理論**や**量子群**などの関連分野にも、線だけを使った描き方が浸透していた。

　著者は、大学院で学んでいた頃に運よく、厳密解の専門家からこれらの図形をいろいろと教えてもらえた。(その意味を理解したかは内緒にしておく。) また、密度行列繰り込み群を**ハイゼンベルグスピン系**や**イジング模型**に適用して計算を進めていた頃、数式の煩雑さに辟易として厳密解のようにテンソルを**ダイアグラムで表す**ことを思い付いた。そして文献 arXiv:cond-mat/9510004 では、下図左のような図形を導入した。テンソルを大きな三角形や四角形で表し、それぞれの脚を小さな丸や四角形で示したものだ。テンソルの間で縮約が取られている場合には、**共有された脚**を黒く塗り潰してある。密度行列繰り込み群を扱う限り、こんな描き方で充分だったのだ。

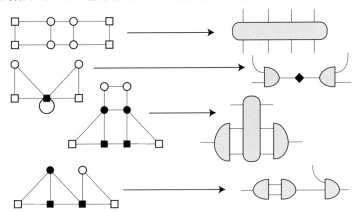

その後、木構造や MERA を始めとする複雑な結合のテンソルネットワークが登場して、上図右に描いたような、今日的なダイアグラムへと改善されていった。(... まだまだ発展途上かもしれない。)

14.1 そしてこれから

　今後もテンソルネットワークが広く使われていくことは間違いなく、や
がては微分積分や線形代数のように、敢えて名前を挙げることなく使われ
る道具になるだろう。いまは描き方が一定していないダイアグラムも、そ
のうち標準的なものへと整備されていくはずだ。また、機械学習や AI で
広く使われている**ニューラルネットワーク**も、一部はテンソルネットワー
クへと置き換えられるだろう。このように、普通に浮かぶ想像は書き連ね
ても仕方ないので、最後に**絵空事**を述べよう。

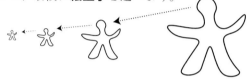

　映画やアニメーションには、そして昔々からのおとぎ話にも、とても大
きな巨人が登場したり、コップに入る人形のようなこびとが出てきたり
する。全員揃えて、上図のように小中大の順に並んでもらおう。そして、
より小さい方の人のポーズを真似るように、それぞれお願いする。どんど
ん小さな人 (?!) を呼ぶと、最後は下図のような**原子レベル**の「何か」が並
ぶものとなるだろう。　(量子力学的に、状態を真似るとはどういう操作なのだろうか?!
という議論はさておき。)

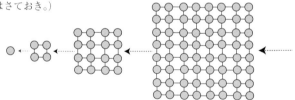

　このような階層構造の下では、右端の最も大きな人は左端の原子 1 個を
ポーズで表現していることになる … のだろうか …。このように、微視的
なものと巨視的なものを階層的に結ぶ構造は、統計力学や場の理論では**繰
り込み群**と呼ばれる理論形式に現れるので、そのまま適用できそうな気が
する。ところが、繰り込み群変換を量子力学・量子情報的に考えようとす
ると、**捨てた自由度はどこへ行った?**という疑問に直面することになる。こ
の辺りに**現代物理学の最前線**が潜んでいる気配が漂う。

ピンとくる方は、以上の記述が量子力学的な**測定のモデル**を作ろうという「ダメな (?) 試み」の一例であることに気づくだろう。量子力学は、微視的には線形代数の美しい形式なのだけれども、巨視的な世界と接続しようとすると、いきなり**量子力学的測定の公理**を認める必要がある。原理や公理というものは、それらが成立する理由がよくわからないので、**当座は思考停止して**認めるものだ。いわゆる**シュレディンガーの猫**が今日まで生き残っている理由は、微視から巨視へと一気に考えようとするからだろうか。

　そもそも我々は、**巨視的なものを量子力学的に記述できない**のだ。邪推**を重ねる**と、10 章で考えたテンソル繰り込み群にヒントが隠れているようも思える。繰り込み群変換で捨て去った自由度が、**熱的なもの**へとお行儀よく雲霧四散してくれるのかどうか、まずその辺りからアプローチしていきたいと著者は考えている。情報を捨てるには、それなりに捨て場が用意されている必要がある。枝分かれしていく branching MERA に、そのような捨て場の構築へのアイデアが隠れていそうだ。我々が記録・認識できる古典的な情報とは、量子力学的にはどのようなものだろうか? 古典 bit を量子力学的に構成する実例や、強いノイズの下で多数の量子ゲートを束にして使い、**古典ゲートを記述する実例**などが、1 つでも得られれば大きな進歩だろう。（← 研究者が根拠なく妄想を語り出すのはヤバい兆候だ。）

【あの本とこの本を比べて】　　「テンソルネットワークの基礎と応用」（西野友年・サイエンス社）では**量子力学**と**統計物理学**の知識を前提として、ひと通り物理学を学んだ方に向けてテンソルネットワークによる物理系の精密な記述方法や、計算手法の詳細について深堀りした。また、代表的な参考文献を可能な限り引用した。これに対していま皆様が手にしている本書では、より広い範囲の読者を想定して予備知識が必要ないよう、まず生活の中に現れるテンソルネットワークから解説を始めた。そして、計算目的が直感的に理解しやすい**手書き文字認識**などへの応用について解説を進め、少しずつ理解を深めていくスタイルでまとめた。このことから、文献の引用については代表的なものに留めた。扱う題材や説明の手順を変えて執筆したので、両書ともに目を通していただければ幸いだ。それぞれ補い合って、テンソルネットワークの理解がさらに深まることだろう。

索　引

著者紹介

西野　友年
にしの　ともとし

1964 年生まれ。大阪大学理学部物理学科卒。同大学院博士課程修了。
現在、神戸大学理学部物理学科准教授。
専門は量子統計力学と量子情報。
著書に「今度こそわかる量子コンピューター」、「今度こそわかる場の理論」、「ゼロから学ぶベクトル解析」、「ゼロから学ぶエントロピー」、「ゼロから学ぶ電磁気学」、「ゼロから学ぶ解析力学」（講談社）、「テンソルネットワークの基礎と応用　統計物理・量子情報・機械学習」（サイエンス社）、「お理工さんの微分積分」（日本評論社）などがある。
解説のわかりやすさと面白さが大好評。
本書の追加情報は
http://quattro.phys.sci.kobe-u.ac.jp/nishi/publist_j.html

NDC421.5　191p　21cm

テンソルネットワーク入門
にゅうもん

2023 年　4 月 25 日　　第 1 刷発行
2024 年　3 月 22 日　　第 4 刷発行

著者　　西野　友年
　　　　にしの　ともとし

発行者　　森田浩章

発行所　　株式会社 講談社
〒 112-8001　東京都文京区音羽 2-12-21
　　販売　（03）5395-4415
　　業務　（03）5395-3615

KODANSHA

編集　　株式会社 講談社サイエンティフィク
代表　　堀越俊一
〒 162-0825　東京都新宿区神楽坂 2-14　ノービィビル
　　編集　（03）3235-3701

印刷　　株式会社 双文社印刷

製本　　株式会社 国宝社

Printed in Japan

ISBN978-4-06-531653-5